快速致勝

用多元實驗取代一萬小時練習，
助你另闢蹊徑，邁向成功，過你想要的人生

詹姆斯・阿圖徹（James Altucher）著

王敏雯 譯

Skip the Line

The 10,000 Experiments Rule
and Other Surprising Advice for Reaching Your Goals

獻給蘿賓·阿圖徹

真高興及時遇見妳，和妳在一起居家隔離。

【推薦序】

面對十倍速時代，你需要快速致勝！

文／職涯實驗室創辦人、作家　何則文

「勤奮」、「努力」是東亞文化中的很重要的美德，尤其台灣人更是以愛拚才會贏著稱。我們也聽過許多的教導，告訴我們要投入時間，好好學習，用一萬小時練就專業，成為專家職人。但這都已經是過去時代的典範了，我們面對的是一個黑天鵝時代，疫情似乎永遠不會結束，遠端工作與各種經濟的潛在風險圍繞著我們。

過去傳統的職涯路徑在未來也會顯得猶如化石般不適用，這個時代與其找工作不如找收入，每個人都要有創業的思維，把自己當成一家公司經營，進而創造屬於自己的商業獲利模式，過去由公司給薪水、大家好像被組織豢養的時代已經一去不復返。

而這個十倍速的時代，你需要學會的是快速致勝的技巧，這本《快速致勝》是美國知名創業家阿圖徹的最新力作，他用他實際的經驗所總結的各種理論實證告訴我們，你可以成為你人生的主導者，在人生這場實驗室中，成為科學家，透過對的方式產出你期待的結果，活出你想要的人生。

在書中，阿圖徹為我們闡釋了幾個在未來時代能夠生存下來、進而成功的法則。首先你要學會槓桿你的時間，不要每件事情都自己埋頭苦幹，要學會跟別處借時間，讓自己擁有更多的主控權。同時要培養各種微技能，這些技能都會加疊成為你的獨特優勢，也要廣結善緣，畢竟人類是社群的動物。同時猶如鍛鍊肌肉般，去鍛鍊屬於你的各種可能性，為自己人生開各種門。

想要創造價值，最好的方法就是解決問題，到底我們有怎樣的技能或者專業，是能為他人解決問題進而創造價值的，這過程中就能達到商業變現的本質。而這個無限賽局的時代，其實只要比別人多撐一段時間，你就有機會成為最後的贏家，所以只要堅持不倒下，受到衝擊搖晃也沒關係。

最後，我們要創造出屬於自己的人生願景，思考想要為人類社會帶來的價值是什麼？透過這樣核心價值的確定來塑造你的個人品牌與商業模式。試著去人少的地方，突破舒適圈，這本深具溫情跟理性的好書，相信能為你在後疫情時代，帶來無限的可能。

【推薦序】

後疫時代快速社會變化的應變訣竅

文／作家、職場專家 邱文仁

一拿到本書書稿，看到前言的標題：〈我沒有一萬小時，我必須快速致勝〉，就引起了我讀下去的渴望。

讀著讀著，我忽然回想起，二十年前我也曾面臨著「資源極度稀缺」的工作處境。那時，我在新興的網路人力銀行當小企劃，在那個時代，科技業的女主管很少。但在我進入該公司的第三年，老闆忽然升我為行銷部經理！其實，在我之前，已經有三位行銷部經理，都是跟我學歷相仿的男性，不過似乎他們都沒有完成老闆期待的目標，所以，一個科技業的小主管職缺，才會意外地落在學美術、又身為女性的我身上。但有企圖心的我，想要抓住這個機會！

記得在老闆公佈要升我為經理的那次會議中，他跟我說：「我不會給妳加薪，行銷費用也已經被前面的經理用完了。妳必須一年內達成行銷與品牌的目標，妳，要自己想辦法。」

二十年後的今日，我體會到「稀缺」可能就是一種「常態」！資源稀缺時，我們該怎麼辦？這令我回憶起以前那個年輕、常「大膽發揮創意」的我。

當時，人力網站是一個「新獲利模式」的行業，公司人很少，外界也沒有太多的行銷前例可循。但想把握升遷機會，想在工作上有所成就的我，開始盤點：「當資源不足時，我該怎麼辦？」

既然沒有行銷費用，於是學過社會統計的我，嘗試運用統計數據、寫有新聞賣點的新聞稿。既然當時市場上幾乎沒有人在研究「找不到工作」的真正原因，也沒有人在談求職、求才目標的落差，於是，我本著好奇心，透過資料庫統計分析結果，總可以找到新穎的亮點。這些創造出來的素材，透過新聞發佈，持續做，就引起了媒體關注。後來，我也因此寫了二十幾個報章雜誌專欄，也受邀上了許多電子媒體，也到數以百計的大專院校演講。這些以前沒有做過的方法，意外地成為當時新穎的人力銀行行銷模式，也讓當時的我，在沒有行銷費用的狀況下，順利地把人力銀行的品牌推廣出去。

現在想想，其實當時的種種行銷作為，對我來說都是一場又一場的「創意實驗」。一開始，只是因為行銷費用匱乏的處境，於是必須找到「買廣告」以外的有效曝光方式，那些都是我以前沒有做過的新嘗試。坦白說，在做這些嘗試前，我也不知道是否可以成功，但事實證明那都是可行的方法，而且，「去做，就對了」！

所以，當我在本書看到作者所提倡的稀缺時代「突破僵局」的建議，例如：做實驗，脫離隊伍，找到新路徑；從做中學；「做」大於「想」；先從有的地方做起……等等時，便覺得本書提出的種種觀點，相當貼近現在許多人的職場處境並給予解答。

在後疫情時代，有太多深感資源匱乏的人需要快速致勝。作者提出的概念、方法，的確是讀者可以模仿、學習、利用的彈性思維方式，而它提出自身的實戰經驗，也跳脫一般思維框架，值得理解、參考、學習。

本書除了呼應了我的自身經歷之外，在談到「目的結合」的概念時，我也立即模仿了作者的邏輯，練習了「尋找下一個機會點」的方法。例如：「我會如何規劃美好的一天」的方法，並利用觀察「手機裡有哪些照片」（線索）來探索到底是什麼事可以讓我「活力充沛」？從這個方式，來釐清之後可以投入去做的新事業。誠如作者所說：如果可以及早找到自己感興趣的目的結合，是鎖定目標的最佳方式之一；而且，我可以根據他提倡的「創意組合」及「小成本試錯」，來大幅降低投入的成本及減少浪費掉的時間。

本書中，我特別感興趣的地方還有「掌控局勢」的說法。這對於擁有比較執著個性的我輩中人（中年人）來說，無疑是當頭棒喝般的提醒。作者提出：「一旦感覺自己快被踢出團體，就投向另一個團體或是組織；一旦事情的進展對我不利，我就發展其他吸引我的興趣。」這種概念，對於許多思想比較固著的中年人來說，可能不太習慣；但是，對於必須去適應快速變化的後疫情時代的人類來說，我認為這種選擇局勢的身段，是相當貼近目前環境的好建議。

在現在的社會中，保持彈性，既願意投入練習，又願意多元發展，時時保持願意展開新頁的年輕心態，可能是想在這個時代活得好的人，要練就的必備本領吧！所以，我推薦你看看本書，理解、學習、運用作者提出的思維方式，我相信可以幫助你從另一種視角，開啟未來更多的新可能！

【前言】

我沒有一萬小時，我必須快速致勝！

「你不能**這麼**做！」

她是HBO行銷部主管辛蒂，而我正朝執行長的辦公室走去。那是一九九五年，執行長的位階比我高六級。

我在HBO的職銜是初級軟體分析開發工程師。如果我工作賣力，有機會升為資深軟體開發工程師。

辛蒂說：「你不能只為了想跟執行長提一個想法，就這樣走進他的辦公室！你知道有多少人在這一行做了幾十年，對節目也有自己的想法嗎？你就是得乖乖排隊！」

但我很想改變人生，我不快樂。我的職業生涯似乎停滯了，我對初級分析師這份工作興趣缺缺……一點都沒有。我不想只待在六呎見方的小小辦公空間就感到滿足。

即使是監獄裡的囚犯，也有長寬各八呎的牢房，還有自己的盥洗室。我很不喜歡上廁所時想到主管可能就在隔壁，因此總是憋到下班才去上廁所，現在肚子老是不舒服。

我不能跳過排隊行列嗎？

「我要試試看，」我說，「會有什麼損失？」

「你有可能丟掉工作，」她說，「沒人這麼做。」

但我想要這麼做。我不想乖乖排隊。但我這麼做並非投機取巧，因為我的點子很棒。是誰規定你不能跳過隊伍？

我往執行長的辦公室走去……

九一一事件令我破產

九一一恐怖攻擊發生時，我住的地方離世界貿易中心只有四個街區。

那天早上大約八點半時，天氣非常好。股市已經連續下跌數日，前一晚我還打算投入一筆錢，賭股市會回升。

那時股市盤勢看來就要大漲，我滿心期待要賺一筆。

我在位於世貿中心一號大樓一樓的咖啡食品店 Dean & DeLuca 吃早餐。之後，我和合夥人丹（Dan）一起朝我住的公寓走去。

丹轉向我，說道：「總統今天要來嗎？」他指著上方一架低空劃破天空、筆直朝我們飛來的噴射機。

過了一秒（可能只有百萬分之一秒）——永不會再來的一秒鐘，街上每個人都出於本能地低頭閃避。我睜開眼睛，看到飛機疾速衝進這棟大樓，同時發出我不曾聽過的巨響。

丹和我往最近的消防局跑去。我對那裡的人說，我們想要幫忙。其中一個人丟給我們兩套進入大樓要穿的消防衣，「穿上。」接著他問，「你們是消防員嗎？」

「不是，但我們可以幫忙。」

「不行，消防員才可以。」他跟局裡其他人穿好消防衣、坐進消防車、打開鳴笛，然後驅車離開。不到一小時，大樓轟然倒塌，許多消防員在裡面喪生。

我們轉身走回正在冒煙的大樓。有些人從樓頂往下跳。從遠處看，他們很像是一截截在空中扭動的黑色線條，要靠近一些才看得出是人的身體輪廓。接著，兩棟大樓開始搖晃，隨即坍塌，噴發出大量煙塵和黑色物質。我們跑回我的公寓，這團黑雲遮蔽了整棟建築。

回到家後，我看見我稚齡的女兒尿在地板上。大家都很怕。在我家聚集的幾個人都哭了，每個人都很無助，沒人知道該怎麼辦。擴音器大聲播放宣導訊息，叫大家離開這一區，但我們沒有走。我們在想，到底是外面安全，還是家裡比較安全？我家窗戶全都變得烏黑，所有灰塵和毀壞一切的力量試圖侵襲這間公寓。我們整晚沒睡，輪流聽廣播。翌日，每個人都開始了另一部分的人生。

幾個月後，我因為當日沖銷交易完全破產。我根本不了解當沖交易，卻賠掉了幾百萬美元。到了晚上，我夢見巨大的浪潮席捲曼哈頓，而我醒來那一刻領悟到自己跑得不夠快，無法逃過滅頂之災。

我想賣掉房子，再三壓低價格，卻找不到買家。我每天都打電話給仲介，他說：「價格再往下調。」我不想這麼做，但最後還是做了。

繼續等待。

我再看一次銀行帳戶，剩下一百四十三美元。怎麼會發生這種事？我以為自己很聰明，原來卻是個大白痴。我哭了。我該怎麼辦？

我本來要去店裡買東西，但發現帳戶裡只剩一點錢後，便驚慌到壓根忘記自己要買什麼。

我去找公用電話（那時候紐約市還有好些電話亭），打電話回家問妻子。我沒聽到話筒的聲音，按下按鍵，還是沒聲音。我覺得有什麼東西壓住我的耳朵。我想拿開話筒，但上面黏著東西，還纏住我的頭髮。

話筒上都是屎。是人屎還是狗屎？我不知道，但現在我的雙手和頭髮上全是大便。我八歲時以為自己的未來是一連串的成功，完全想不到會有這種時刻。我很快丟開話筒，大聲呼救，但沒一個人停下腳步。

完全破產，頭髮上有屎，還忘記自己要去店裡買什麼。

那晚我去找一個鄰居。我豁出去了。

「你覺得我可以到你們公司的基金投資部門工作嗎？」

他低著眼，可能不太好意思，遲疑了一下。我有點冒火，覺得自己又要哭了。我討厭開口求別人。

他說：「你可能需要一點經驗，比方說大學或研究所讀的是財金，或者曾經在基金公司或銀行任職一段時間，而且是從基層做起。你知道，很多人想方設法要擠進這一行，想跳過隊伍很難。」

我實在討厭聽到別人這麼說。

我必須改變。再一次做出改變。我必須徹底改變，找出讓我著迷的事物。我必須練到爐火純青，用它來賺錢。我要養活家人。

而且我必須馬上做到。我沒有一萬小時。我必須跳過排隊行列，快速致勝。

最絕望的時刻，也是可能性最多的時刻

我多次在半夜醒來。凌晨三點，我睜開眼睛凝視靛黑色的夜，腦子裡許多聲音此起彼落。我感受這一切，納悶這些聲音是誰發出來的？沒有停止的跡象。

夜深時分、黑暗、聲音……彷彿我的心走錯了方向，進了別人的惡夢中，在迷宮裡跑個不停，被我腦中可怕的那一面所說的話語俘虜。我不敢相信曾經那麼期待醒來玩耍的小男孩，如今卻被困在這靛黑色的夜裡。

若有人對你說：「你不能這麼做！」別以為這是最壞的狀況。每個人都在設法馴服內心的惡魔，可能是焦慮或各種壓力。我們每個人的焦慮來自何處，恐懼的起源又是什麼，其實並不重要。人生的困難非我們所能臆測。

重要的是要了解這一點：在某人告訴你什麼事不能做的時候，要知道他們正試圖把他們自己的目標銘刻在你身上。那是他們的人生待辦事項，是他們的真相，與你無關。你無須遵循他們的目標，不必耗費心力在他們所設定的目標上，你甚至不必去說服他們，因為他們根本聽不進去。他們為你模擬了一個巨大的世界，自己住進去。這個世界有各種可能在他們面前展開，但這些人偏偏只重視你「做不到」的那種可能。

就讓這些人的目標從你身邊溜過去吧。他們走過你身邊時，會對著假想出來的影子咕

嚷，而你正朝自己的目標邁進。你心裡希望他們多少會高興一些，但只要這麼希望就好，別花力氣配合，反而要跟他們分道揚鑣，別理會他們的意見，朝你自身的可能性邁進。

這些聲音有時會回來：許許多多說你「不能」的聲音。夜深時分，面對著黑暗與孤寂，你很想照單接受別人塞給你的人生待辦事項，因為此時你幾乎抵抗不了，大腦邀請這些想法進來，而心還沒清醒，無力抵抗。

本書中的點子就是要喚醒你，你並不是獨自做夢。你的確有克服黑暗的力量。許多人認定的人生待辦事項先是A，再來是B和C，然後是D，而且大家都以為只有這條路可走。

在絕望最深沉的時刻，各種可能性都會在你面前展開，猶如魔術師以扇形展開一疊撲克牌。選一張牌，魔術師會這麼說，隨便哪一張都行。

但正是這種時刻，你才能聽從你的心去選一張牌，注定給你的那一張牌。即使在夜深時分，也是你不按規則出牌的時候，探索無窮盡的可能，就算沒人相信有這種可能也無妨。夜深了，你在黑暗中感到無力，但你有機會抽一張牌，任何一張都行。

柔道創始人嘉納治五郎個子矮小，只有一百五十七公分，求學時熱中於課業。母親在他小時候便過世，之後搬了幾次家。用現代的用語來說，他是個「怪咖」。個頭比較高壯的同學老是欺負他，就是會說「你不行」的那種人，如果嘉納不給他們錢就不准離開。

於是，嘉納學會用大塊頭對手自身的力量，來反制對方。對手出手攻擊時，身體會暫時失去平衡。例如在他們往前猛撲時，有一瞬間會稍微失去平衡。嘉納的做法是學會在這種重大時刻，憑直覺放鬆身心，然後利用對手的力量予以反制。這種做法是「用最少的力氣，達成最高的效率」。

他曾說道：「總之，對抗更強大的對手一定會輸，但因應對方的攻勢，閃避其攻擊，便可讓他失去平衡，他的力量會變弱，你就可以打敗他。這個道理可以運用在任何力量有相對大小的情況，比較弱的人就有可能打敗強大許多的對手。」

當你跳脫舒適圈，或者離開大多數人選擇的平坦道路，努力獲取更輝煌的成就，全世界都會合起來反對你。你會遭受霸凌，也許不是肉體上的霸凌，而是其他方面。若某人說：「你不行！」或者看到你用更快的方式在專業領域揚眉吐氣，就露出敵意，那麼**用「放鬆」取代「抵抗」**，**借力使力**，**趁別人失去平衡時採取行動**，這三種想法啟發了本書中許多「快速致勝」的技巧。

誰說不能搶先過關？

「詹姆斯啊詹姆斯，」文斯（Vince）說，「你多久前才開始做脫口秀？兩年前？很多人已經做了好些年，還沒有機會像你一樣試段子呢。你得花時間慢慢來，這行做起來是有順序的。首先，你要先做一些現場自願表演（open mic），接著看題材隨機表演，之後你或許可以當節目主持人，再來是五分鐘的脫口秀，再增長到十分鐘。你開始在其他脫口秀俱樂部表演，還得在電視上做一些段子，然後才可以成為壓軸表演者或去巡迴演出。」

他盯著飲料看。我們在上城的一家脫口秀俱樂部，四周貼滿了吉姆．加菲根（Jim Gaffigan）、蒂芬妮．哈戴許（Tiffany Haddish）和戴夫．查佩爾（Dave Chappelle）[1]的照片。

文斯白天開著電力公司工程車四處跑，修理地下電線，過兩年就要退休。他做脫口秀已有二十年。他挺詼諧的，是個大塊頭。我覺得他有一半西班牙血統，一半是非裔美國人。他是個混合體。他的每根手指上都戴著戒指，身穿一件大皮革外套。

我很愛他講的一個笑話。他坐在舞台的凳子上，姿態輕鬆，身體往後靠，開始跟觀眾聊天。

他說：「我被刺傷過兩次。我跟正在交往的女孩提起這兩處傷口，她說：『噢，是嗎？你聽起來很危險。』我對她說：『我想妳不太了解刺傷是怎麼一回事吧。捅人一刀的

---

1 編按：這三位都是美國知名脫口秀與喜劇演員。

那個傢伙才危險！』」觀眾往往發笑，我也笑了。

「做了幾年以後，」文斯對我說，「你開始掌握節奏。等你學會逗人發笑，你就無往不利了。你可以控制舞台氣氛。但是老兄，輪到你上場，你再上去。你在這一行還是個小毛頭，不能搶先。會輪到你的。」

那晚的經理雍（Jon）來叫我：「詹姆斯，輪到你了。」

我渾身緊張。才剛有人告訴我**不能**搶先過關。

我要當著一百五十位觀眾的面，做一段四十五分鐘的脫口秀。我頭一回講這麼久。文斯在這一行做了二十年。但在聽他講了那些話以後，我信心盡失。或許他是對的，不過現在害怕也來不及了。

我穿過觀眾席，打開門，主持人說：「現在歡迎詹姆斯．阿圖徹！」

輪到我了。

把世界給你的打擊轉化為力量

我經常轉換生涯跑道。

一九八七年，那時還在讀大學，我頭一次做生意：給大學生用的簽帳金融卡。那時還沒有簽帳金融卡這種東西，而像是 Visa 和萬事達卡（Mastercard）等公司則尚未核發信用卡給大學生。

我說服了八十家商店和餐廳接受「大學卡」（CollegeCard），全部會員都有折扣。我替刷卡機設計電腦程式，這樣卡片才刷得過，並在店家內安裝好機器。

我想要更多公平的機會，一手包辦所有事務。一個朋友對我說：「你太年輕了，等輪到你再說。」

超過一年的時間，所有的業務都由我處理。一起做的兩名合夥人畢業了，一個去讀商學院，另一個去萬事達卡公司上班！只剩我一個。我繼續經營了半年，然後喊停。這件事沒有進展，但卻改變了我的人生。

那是我第一次設計電腦程式，深深著迷。我想改成主修電腦科學，便去找校內的輔導老師。

她說：「你**不能**這麼做。你就要升大四了，你打算怎麼修完所有的課？」

她說：「你必須修四年的微積分，但你連一堂課都沒上過。」

她說：「或許你可以修幾門跟電腦有關的課，但留在原來的系。你不可能立刻做這麼大的變動。」

但後來我真的成為程式設計師，接著我決定要寫小說。之後我去HBO工作。之後我為ＨＢＯ製作一齣試播節目，接著我創立一家網站設計公司。

然後我賣掉它，想開一家做行動軟體的公司，但沒籌到錢。

後來，我開了一家創投公司，之後做當沖交易，再後來當了作家：先替一個網站寫文章，然後是兩個，再來是兩家報社，接著開始寫書。我寫了二十本書，然後開一家公司專賣通訊稿和我一手打造的線上課程。

接著我創立第一支避險基金，又開了一家社群網站公司，鎖定對金融有興趣的人。我把它賣掉，再成立一家做群眾外包（crowdsource）廣告的公司。

結果沒成功。所以我嘗試新的事物，再試一次。然後再做點別的，一次又一次：錄製播客（podcast）、寫作、投資、做幾項生意、脫口秀。

在這段期間，我破產了好幾次。人們多半相信「失敗帶來日後的成功」這種說法。大錯特錯！痛苦會激發創造力嗎？挫敗會衍生出理解嗎？經常是如此，但並非必要條件。有人舉例說明，小孩碰到火爐，燙傷了手，以後就知道不能碰觸火爐。但我寧願不要燙傷手。

失敗既痛苦又可怕。若你必須養活家人、將希望寄託在某件事的結果、轉換生涯跑道或發展出別的興趣，但眼前什麼也沒有，只有不確定——在這些時候，別只想著失敗，要轉而仰賴快速致勝技巧。你該如何把世界對你的打擊，轉化成一股力量，成為頂尖人才？

其中一個答案是本書中提到的「一萬次實驗法則」，但是不要一直想著「失敗」，也很重要。焦急擔憂是在浪費精力，生氣是在浪費精力。不要將你寶貴的心智房產租給這種情緒，或其他人的人生待辦事項。他們的人生清單稍後會變成你用來推託的藉口。

但是當世界崩壞，你要如何養家活口？在你沉淪谷底、一籌莫展時，該如何解套？在天翻地覆的時候，你該如何奮力往上？若你一路跌跌撞撞，你要怎麼學會跳脫規則？

一萬小時法則

我想要跳過排隊行列，想變得更好，想把喜歡的事做好。我想轉換職涯，希望我尊敬的人也能尊敬我。

但我不想遵守一萬小時法則。你知道這個說法嗎？提出的人是安德斯．艾瑞克森（Anders Ericsson），雖然是麥爾坎．葛拉威爾（Malcolm Gladwell）讓它普及。

這個法則是這樣：如果你想成為某一行的佼佼者，要花一萬個小時來做艾瑞克森口中的「刻意練習」。

刻意練習需要你針對某項技巧反覆練習，並且衡量成敗，同時有教練給你意見。然後重複。

麥可・喬登（Michael Jordan）高中時被校隊刷下來，因為那時他還不夠強，他整天練習射籃。如果沒投中，他就會思索是哪裡做錯了，調整站姿，然後再試一次。他成為美國國家籃球協會（NBA）最厲害的職業選手以後，仍然是隊上第一個來練球，最後一個走的人。他投入了屬於他的一萬小時。

華倫・巴菲特（Warren Buffett）年紀輕輕就開始投資。他跟隨知名的價值投資人班・葛拉漢（Ben Graham）學習。巴菲特整天閱讀，先找出可能會投資的幾千家企業，讀公司年報。他透過投資是否有成效，來衡量自己的成敗。而且他有一位不可多得的良師給他意見回饋。到了一九六〇年初，他大概早已投入一萬個小時，成為有史以來最厲害的投資家。

一九九〇年代早期，有人執行一系列實驗以驗證一萬小時法則的效用，我參加了最早一批實驗。一位叫做福納德・哥貝特（Fernand Gobet）的心理學家那時正在研究各種類型的西洋棋選手，包括新手、可能投入幾千小時的大師（像我），以及可稱為特級大師的西洋棋士。

哥貝特花幾秒鐘展示五種「局面」（position），接著要我們重新擺出這些局面。不出所料，幾位特級大師能夠擺出幾乎一模一樣的局面，而我這個等級的選手大概可擺出一半的局面，而業餘愛好者完全不行。

但有趣的部分來了：他隨意擺出不同的局面，在棋盤上任意放置棋子，而不是曾出現在某場棋局的「局面」，這樣做與西洋棋的規則背道而馳。

結果三組選手表現得一樣差。所以，厲害的選手並非具備更卓越的記憶力，只不過特級大師對於西洋棋的記憶力驚人，這是因為他們投入大量時間刻意練習。

一萬小時法則似乎是邁向卓越的唯一途徑。

現在更須學習快致勝法

二〇二〇年，一場疫情讓整個地球停擺。美國有四千萬人申請失業救濟，世界感覺快完蛋，群眾開始暴動，到處都有抗議活動。當經濟重新開放，情勢逐漸趨於穩定，我們卻看到了後果：很多商家再也回不來，很多產業一片混亂，許多人在新世界裡感到迷惘。

做出改變的能力、找到熱愛的事物、鍛鍊純熟的技巧、能夠靠它賺錢、足以養活家人、**再度**感受到熱情、早上起床都對新的一天充滿期待……在這個時代顯得更加重要。學校從來不教我們跳過排隊行列、快速致勝的技巧，沒人告訴我們這個世界可能突然變得恐怖，除非我們知道如何在未知的土地上求生。

也許我會轉換熱情所在。再轉換一次。永遠不嫌遲。現在許多人滿心頹喪，社會上瀰漫著創傷後壓力症候群的氛圍。我想要改變，但人們有意見。我一直想要做X，卻以為必須做Y。從出生那一刻起，就有人對我們耳提面命：該慶祝哪些節日、應該讀哪幾間學校、要爭取哪一次升遷或獎項。我對這一套深信不疑，直到我墜落地面，面臨最壞的狀況，樂觀蕩然無存。

學習快速致勝就趁現在。但無論在什麼時候，都要把握當下學會跳過排隊行列，只是人們經常忘記這一點。

CONTENTS

第一章　你可以這麼做

時代劃分成 B.C. 和 A.C.。

「新冠肺炎之前」（Before Coronavirus）和「新冠肺炎之後」（After Coronavirus）。

當全世界停止運作，一切顛倒混亂。數千萬人失業，沒了職業生涯，而且赫然發現無人對自己忠心。

經濟出現起色時，很多人依然失業，很多店家就那樣消失了。我們信賴的機構組織，大學、政府，以及我們以為存在的支持體系，有的消失，有的變得讓人失望。

我必須改變。我得找到某樣興趣。我可以做喜愛的事。我必須充分掌握技巧，而且技巧高到可以用來賺錢，還要賺得夠多，以免自己再次遇上這種事。

這些不是我的心聲，而是每一個人的心聲。

社會在自我重塑；沒人想落居人後。

但你要怎麼找到衷心喜愛的事物？而且該如何在短時間內變得厲害？需要花上一萬小時嗎？

我沒有一萬個小時。我現在就得養活家人！

全世界的人第一次面對同樣的處境。我們每個人都得想清楚接下來要做什麼、怎麼做、用何種方式獲得成功。

我們該如何獲得自由，不須聽命於人？

我們該如何純熟掌握某樣事物，以獲得同儕的敬重，收入豐厚，並且對於自身的「熱情」和「目的」了然於心？

我們應該如何放鬆，以享受和家人、朋友或社群共度的時光？

這樣的要求過分嗎？

人類史上頭一遭，全球協力齊心，只為達成一個目的：面對疫情。但是，全世界很快團結起來，同時也分崩離析。我們只能獨自思考自己喜愛什麼、怎樣才能夠變強、要怎麼幫忙、如何安然存活，甚至活得豐沛。

但現在該怎麼辦？

我們必須重建仰賴維生系統的頹弱經濟，重建恐慌不安的社會，而且在我們面對極大的困惑與不確定時，重建每一個人自身的信心。所謂人生，並非要我們按別人的劇本來活。我們必須自我發揮。

許多人都得找到最快的那條路。

恐懼讓我們只想乖乖排隊

人類的大腦討厭不確定。

遠古時期，我們的祖先走過矮樹叢時突然聽見沙沙聲，這時咱們的老爺爺有可能覺得只是風吹過樹葉的聲音，也可能猜測有頭獅子正在等待時機跳出來，準備飽餐一頓。

這個人覺得不確定！俗稱壓力荷爾蒙的皮質醇飆升，引發逃跑的本能，而我們的祖先便在發現危險後逃離現場。上古時期的人，如果沒跑走就不會是我們的祖先，原因是：一千次裡面總有一次，他們會被吃掉……慢慢地，這些不理會「不確定」的人便完全消失。

對於「不確定」的那份恐懼存在於我們的基因。我們體內現存的ＤＮＡ鏈是經過演化而來，對於不確定表現出赤裸裸的恐懼。

股市就是一個現代的例子。消息面好壞其實不太要緊，股市走勢都會往上。但假如消息內容**不確定**，股市就會崩跌。股市頗能反映某件事不確定的程度。假如蘋果公司說：「我們的利潤將減少。」蘋果的股價可能往上或往下；但若蘋果公司說：「我們不知道未來的利潤如何。」它的股價一定跌得很慘。

但是，人類演化的速度趕不上社會變化。我們不再生活於只有三十人的部落，也不在一百五十人左右的團體內活動，就算跟某人不太熟，至少認識的人裡面有人跟他熟。聊天之餘，我們可根據小道消息判斷某人的為人，再決定要不要跟他去打獵。

而我們繼續演化出更複雜多樣的組織。我們組成村莊，再來是城市，接著是城邦、王國、帝國，然後隱含著單一信仰系統的宗教吸引了數十億的信眾。

人生變得複雜。

身為靈長類動物的我們，在仍處於三十人的部落中時，階級組織從阿爾法（Alpha）到奧米茄（Omega），按照位次排列。每一頭黑猩猩都知道自己在階級中的位置。最強悍的公黑猩猩享有某些福利：跟所有母猩猩交配，睡在部落裡的中央位置，以獲得最佳保護，還可先挑食物吃。

但最弱的奧米茄過得也不算太差。阿爾法必須跟其他黑猩猩爭鬥，保住這個位置。奧米茄則分到較少的食物，在團體中睡在邊緣位置，但牠不需要一天到晚跟其他猩猩打鬥，以保有領袖位置。

人類不只有一個部族，而是可以屬於一個以上的部族，在一個以上的階層組織中爭排名。你在階級當中的位置，你跟層峰的距離有多近，決定了你的收入、責任範圍，甚至決定了你能夠和哪些人來往、吸引到什麼樣的配偶。頭銜、位階，以及其他象徵成功的牢籠，變成最重要的衡量標準，決定了你的價值和潛力。

你是初級系統程式設計師嗎？還是經理、總監、副總裁、資深副總裁、副總經理、營運長或執行長？

假如你是網球選手，你的位階落在何處？假如你是高爾夫球選手，你的「差點」[2]是多少？

假如你寫書，你賣出了多少本？或者，你囊括了哪些獎項？

在過去，若被趕出部落，你就會死。沒有別的部落可以投奔。你必須走到叢林裡，盡量往好處想，但你遲早會被吃掉。顯然現代世界的風險低得多，但我們想要融入、跟大家一起排隊的本能仍然絲毫沒有減損。當我們察覺到自己可能將在部族中失去地位，體內好幾種神經化學物質就會啟動，導致極大的壓力。皮質醇引發「戰逃」（fight or flight）的反應，而當我們感受到孤立、或害怕被孤立時，就會觸發速激肽（tachykinin）。兩者皆與我們在部落內的安全有關，若不夠安全，大腦就會產生更多的神經化學物質和壓力。

其他神經化學物質則會引發大量快樂的感受，這些神經化學物質不僅攸關我們內心的幸福感，具體來說，也跟我們在部落內的位階有關係。

眼前出現獎勵或報酬時，大腦會分泌多巴胺。當我們看到食物，多巴胺會告訴大腦，要是拿到那個食物，我們在部落內的位階就會上升，所以我們很樂意冒些風險爬上樹，拿

2 譯注：衡量高爾夫球選手的參考值，數值越大，潛力越低。

到那個食物。

當我們獲得食物，在部落中有了地位，知道自己有東西吃，而且感到安全，就會激發血清素。儘管血清素是大腦中的化學物質，但九〇%的血清素是在腸道中製造出來的，這是因為在部落中地位穩固的人吃得比較好。

當我們在部落中感受到友誼和關愛，也就是在我們為他人服務、懷抱感恩之心、愛某一個人而對方也愛我們時，就會受到刺激、分泌催產素。這種化學物質同樣鼓舞我們爬到最好的位置，因為當催產素分泌時，除了感到快樂之外，我們也是在進一步鞏固自己在部落中的地位。

所以排隊的衝動很強烈，而且根深柢固。

或許你也可以快速致勝

但現今我們不只有一個部族，而是有很多個：有工作上的部落、家庭聚落、各種因相同嗜好而產生的群落。我們是否在職場排隊等待升遷？配偶愛我們嗎？我們有打贏高爾夫俱樂部的球友嗎？

於是，當我們被趕出部落（可能是失去工作、離婚、在俱樂部打球打得很爛、脫口秀的表演慘不忍睹），我們就感到驚慌，源自古代的驚慌。

不確定感悄悄潛入，誘發了壓力。

而我們整天盯著電腦螢幕，一直看到不幸的新聞、口氣不滿的電子郵件、社交媒體上的小衝突，只讓情況變得更糟。

於是我們開始有了這種慢火細熬、不曾停止的「戰逃」反應。

當這個世界分崩離析，而且似乎每過十年，出事的頻率就更快一些，我們的狀況就變得更糟。九一一攻擊很糟糕，二〇〇八年的金融危機對全球的經濟造成威脅，而說到新冠肺炎……若不是殲滅人類，便是搞垮整個經濟，把我們帶回《瘋狂麥斯》電影裡的無政府狀態。

懂得與不確定感共存，成了成功的關鍵。

在危機高漲的時期，大家都收看新聞，設法從中找到某種確定感，或找到某項令人安心的資訊，然後說：「呼！好，我看到隧道那頭的亮光了。」

但有時並沒有亮光。這場危機意謂著我要失去工作、職涯、興趣，以及規律的日常生活嗎？

如果我們要換一份工作或職涯、搬家、離開家人或失去心愛的人，或許我們應該要換到另一個部落，可能得加入新的階級組織，再次從底層開始。要花多少時間，我們才能夠爬回原先的位階？為什麼不能一開始就在頂端？

「你不能這麼做！」

你不能就這樣走進一個新部落，變成阿爾法！

但是，也許你可以。

一直以來，我被迫無數次換工作、換職涯，改變興趣、人生目的和技能，我早就將「盡快練好技能」當成個人的使命。

我不想等上一萬個小時，但我也不想抄捷徑。你不可能瞞得過體系。但有一些快速致勝的方法，你只要運用我累積多次痛苦經驗才學到的技巧，就能如願達成目標。

每當社會出現危機，或者某些人遇到了危機，人們就會開始談論「新常態」。彷彿過去的常態，現在就要變得完全不同似的。這個新常態看起來是什麼樣子？會發生什麼事？

快速致勝的訣竅在於一**直住在「未知」的世界裡，始終保持對世界的好奇，但不會對於接下來將發生的事惴惴不安**。在這個大家都很害怕、但你安然接受「未知」的國度裡，你仍然能夠在波濤洶湧的海面上航行。

你不只能夠順利前行，還會變成指路的明燈。外頭一片濃霧，許多人——有些是老朋友，也有新朋友——設法在濃霧起風又下雨的夜晚找到靠岸的航道。你是引航的燈塔，而且燈已點亮。你讓大家得以平安靠岸。

這個過程還沒有結束。這只是開始。

第二章 一%法則

一份全職工作等於每年工作兩千小時。但在你踏入新的職業生涯，或者想學習一項新技能時，你沒有兩千個小時可用。你得繳帳單、養家活口。而且萬一經過一萬小時以後，你又對別的事物產生興趣，怎麼辦？你真的打算花上寶貴的十年、甚至二十年去鑽研某件事，再把那項技能束之高閣嗎？

如果你知道某種不為人知的訓練方法，足以讓你在同業中出類拔萃，又會怎麼樣呢？舉個例子：如果你打高爾夫，你可以花上一萬個小時練習在不同情況下揮桿，從教練那裡得到很不錯的意見，繼續練習揮桿。不出一萬個小時，你就會成為好手，搞不好變成世界級選手。

但大約三十年前，在老虎．伍茲（Tiger Woods）和新一代的高爾夫職業選手崛起後，科學家和教練進行研究，發現有項特質能夠讓人更快成為高爾夫專家，那就是腿部肌力。若你勤做重量訓練，強化雙腿和下半身肌肉，擊球時就會更強猛有力。要是某個高爾夫球選手四十年前就知道這一招，會怎麼樣？假使他祕而不宣，跟誰都沒說。他不需要一萬小時就能成為頂尖選手。誰知道他需要多少時間？也許這項知識可以讓充滿抱負的專業選手一下子省去兩千個小時。沒人說得準。

所以我著手找出某種「掌握訣竅」的新方法。我訪談了數百位來自各領域的高手，注意到這群表現優異的藝術家、商界人士、企業家、投資專家、作家、演員等等，也經常採用這個方法。

我們可以用這種方法攀上生涯的顛峰，或者學習新技能，這樣你就能在自身的領域中出類拔萃。你甚至可以用這種方式建立人脈，充分把握每一個出現在眼前的機會。

現今的職涯早就沒有所謂的「直線」。我們面臨的每一場危機，都為這個世界帶來更多變化。某些職業不復存在，產業消失。工作的本質改變。人們的興趣和熱情也變得不同。

那麼，若你想用最快的速度成為同業中位居前百分之一的佼佼者，會是怎樣的情況？

用一萬次實驗法則取代一萬小時練習法則

我們在本書中不談「一萬小時練習法則」——根據此一法則，只要你認真鑽研某件事達一萬個小時，你就會成為世界一流的高手。

就算這個法則在過去行得通，現在也已經不管用了。我的人生經驗一再證明，**有能力進行實驗，將各種想法很快試驗一遍，汲取教訓，然後繼續前進，要比「一萬小時練習法則」更有效**。我把它叫做「一萬次實驗法則」。

這項法則面對變化和危機的方式是：運用一組工具來幫助人發揮創意，並且有效執行、說服、提高生產力與領導能力——上述能力結合起來能夠讓你在短時間內達到原先想像不到的高度，速度快得驚人！

我之所以這麼說，不是因為我在做一項研究專案，而是因為我**必須**這麼做，而且大多是因為我本身的興趣和熱情改變或結合了。更糟的是，有時是因為我破產了，被迫去新領域找活路，而且我必須很快辦到，以養活家人。

科學很重要，但**你的人生才是最棒的實驗室，而你是最厲害的科學家**。最成功的實驗是你試著去做別人沒做過的試驗。一間研究實驗室就是要做出各種發現；你只會在這裡做出對你有用、且反映出你獨特世界觀的發現。

迪克·福斯貝里（Dick Fosbury）是一九六〇年代的跳高運動員，那時他實在不怎麼樣。當時流行「剪刀式跳法」，方法是面朝橫杆，筆直跑向前去，跳起來，把你的腿抬得比橫杆更高，跨過去。

福斯貝里就是做不到。他的長腿老是撞到橫杆，沒辦法跳到其他人那樣的高度。某天，他做了個實驗，改成往後跳。他背向橫杆，然後再以背朝杆子的姿勢起跳，跟其他人完全相反。

他的高中教練請他別再這麼做，說：「這樣行不通，你不能這麼跳。」他不肯讓福斯貝里在正式比賽時用這個招式，但等他看到福斯貝里在一場大一新生比賽中用了這招後空翻（如今大家叫它「福斯貝里式跳高」或「背越式跳高」），便說：「好，就來試試看吧。」

福斯貝里讀高中時的表現不怎麼樣，但數年以後，他就在一九六八年的奧運場上奪下金牌。最初大家都在笑，每個人都叫他別這麼做，後來每一名跳高運動員都改用他的跳法。

他運用自身對於這項運動的知識，創造出獨到的觀點。他贏得了金牌，而且永遠改變了這項運動。他沒有比別人花更多時間，也沒有苦練一萬個小時，但他辦到了。他之所以成功，並非由於守規矩，而是因為他繞路而行，設法跳過排隊行列，快速致勝。

你也可以。

一％法則的複利效應

首先要掌握的是一％法則。這項法則向我們證明：只要你每天付出一點點努力，任何領域的必備技能都可上手，你很快就能成為某個領域的絕世高手。它是這樣運作的：

如果你的儲蓄存款帳戶裡有一元美金，每天支付一％利息，那麼你一年後就有三七．七八元。

換句話說，你這一元美金的「投資」以每日一％的複利成長，一年內就增長了近三、八〇〇％。

有時候我跟人們說起這件事，他們反問我：「不是三六五％嗎？」這樣經過一年後，我手上只有三．六五元。跟三七．七八元有很大的差距。

但複利的威力驚人：

一天之後，你的一元變成了一．〇一（比一元多出一％）。

但再過一天，它就不只是一．〇二元，而是一．〇二〇一（比一．〇一元多出一％）。到了第三天，不只是一．〇三元，而是一．〇三〇三〇一元（比一．〇二〇一元多出一％）。

依此類推。這是利滾利的效果。

起初很小，結果卻很驚人。

我有個朋友羅伯很愛玩西洋棋。我們倆下了二十年的棋。他頗有一手，但從來沒鑽研過遊戲規則，或想辦法下得更好。其實也沒關係，滿足於現狀也挺好。

不過我看得出羅伯想要下得更好。他輸了會失望，贏了就興高采烈。我對他說：「羅伯，你下得不錯，為什麼不去上幾堂課或買一本書，稍微深入研究一下玩法？」

我跟他說明一％法則的算法：「如果你一天研究兩、三盤棋局，每天就有一％的進步，很可能一年後就差不多贏過身邊每一個棋友了。如果你的技巧可以用這種方式來評量，會有三、八〇〇％的進步！」

他老是回答我：「不用啦，我就是喜歡下棋而已。」當然這也沒關係，只是我發現他輸棋時很氣餒，希望他進步。

現在把它套用在你的職業生涯、熱愛的事物，或某種技巧上，看你想套用在哪方面都可以。

要是我每天都有一點點進步，我就不光是比剛起步時更厲害，而是每天都比前一天厲害一％，我的技巧不光是逐日增加，而是每天翻一倍，呈現複利成長。

技巧進步一％的狀況很難界定，但想像一下你天天投入同樣的決心與專注力，也有一種方式能夠衡量你的技能，而今天你會有一點點進步，比昨天好上一％。

對我來說，下廚是難事。我上回下廚是數年前某次情人節。我忘記關上爐火，又劃了根火柴重新點火，烤爐就爆炸了。我打電話叫消防隊來，火舌四處亂竄。我真是運氣好才沒被燒傷。

女朋友來到我的住處時，對我大叫：「你幹了什麼好事！」她扔掉我好不容易在地板上擺放好的餐點。過後不久，這段關係就結束了。但現在要是我希望廚藝有一點進步，可能會先學炒蛋。聽起來滿簡單的。第二天也許再練習烤一條魚。

聽起來至少比前一天多出一％的技巧。

也許那時我會讀些資料，看看魚該澆上哪種醬汁。翌日，我可能再烤一條魚，切成幾段，在不同部位淋上不同的醬汁，看自己最喜歡哪一種，再把它跟我讀到的食譜做比較。現在我知道更多種食譜，也明白怎麼用不同的調味跟魚搭配。聽起來至少比前一天強上一％。也許我那時會去上課，或者著手運用我稱之為「點子結合」（idea sex）的技巧——讓兩種想法進行配對，看看會生出何種新想法——本書稍後會詳細說明這一點。接著就可以動手做生魚捲餅了（唔，就是生魚搭配墨西哥捲餅）。

也許某天我想要分享這些成果，把我正在做的事寫成部落格，或在臉書上發文。我每個星期都進行分享，開始有人關注我的貼文。我是生魚捲餅的「專家」，大家都來問我的意見，這些人也會跟我分享想法，或者提出建議。我在過程中學到不少知識，其一是可利用「蜂巢思維」獲得更棒的成果。我是「生魚捲餅男」的名聲以一%的速度散播出去，人脈也隨之變廣。現在我不僅更善於烹飪，也在這個小眾市場建立了自己的地盤。

經過整整一年，我會比那個一天只學一種新的魚類料理的人要厲害得多。而透過點子結合與一萬次實驗的法則，我就有許多磨練的機會，逐漸形成對於烹飪的獨到觀點，搞不好連世界級大廚也沒想到。

這並不是說我比世界級大廚更優秀，但是「獨一無二」往往比「更優秀」更加重要。人們把新想法帶入某種自古流傳至今的技藝，為自己創造職涯。許多人設法成為某一門技術的翹楚，但只有少數人想得出「背越式跳高」的跳法，將跳高技術發揚光大。

再說一次，這種說法有點主觀。你不太可能說：「我今天又增加了一%的商業知識！」的確很難衡量。

但在一天結束時，問問自己：「我今天在職涯、技巧或其他想改進的事情上，是否達成至少一%的進步？」能夠這麼做的人一開頭進展緩慢，過一陣子就會見到驚人的成果。

- 酷力歐（Coolio）每天寫饒舌歌的歌詞，寫了十七年。一九九五年，他的〈黑幫天堂〉（Gangsta's Paradise）一曲喧騰一時，成為美國告示牌（Billboard）排行榜的年度冠軍金曲。

- 馮內果（Kurt Vonnegut）每天寫作，足足寫了二十五年，才有了一本暢銷代表作。
- 畢卡索每天創作兩件藝術作品，等於一生超過五萬件作品。那是不斷累加的結果。

「但我恐怕為時已晚。」不，絕不嫌遲。複利會很快達到效果。如果你從複利的角度來思考技能，乃至於職涯、培養人脈等等，那麼不論幾歲都可以改頭換面。只要運用這個哲學，不出一年就能看到驚人的進步。

假如我一天寫一千字，聽起來沒什麼。但一年以後，那就等於兩、三本小說的字數了。假如我的技巧每天都有進步，也許是因為我嘗試用各種不同的風格寫，或針對不同文類想出新點子，諸如此類，那麼我很快就能在寫作上找到適合自己發展的方向，成為支持我寫下去的力量，讓我躍升為佼佼者。

這並非一心求勝，也不是試圖「打敗」其他人，那些人可能得花上數十年才練成本領。這種做法跟那個沒關係（雖然有可能發生），而是讓自己能夠做真心喜愛的事，並且達到足以影響這個世界的層次，迅速在某個領域累積名聲，甚至有人付錢要你做你最熱中的事。

一%的進步或倒退，由你決定

還有一件事你也得知道。你也可能每天損失一%。

你可以說：「噢！只不過是一天而已。別催我！」但如果你的知識每天流失一%，那麼一年後，你只剩下過去三%的知識。到時，你的技能幾乎完全喪失。有些人過於滿足現狀，每天上班只辦好例行事務，而沒有致力於學習，達到一%的進步，就會被其他人取代，最後只剩下一堆藉口：「嗯，我有一個家庭要照顧，那傢伙又沒有。」或「我想，其他事對我來說更重要。」

但運用本書中的一%法則和其他工具，例如：五十比一法則來提升生產力，或者是「點子微積分」和「掌控局勢」的技巧，你就會發現自己有非常多時間，每天都能夠提升一%的成效。

本書當中提到的每一件事都有關聯，跳脫規則並不是針對不同狀況提出一連串挺棒的建議，也不是用來因應某種情況的一套捷徑。所謂跳脫規則，是**允許你的熱情來主導你的學習**、**時間和其他資源**；它允許你做似乎天生就會的事，日有寸進，精益求精。

這些技巧並非在社會心理學研究實驗室裡發展出來的。誠然不少人做過這種研究，也寫出了暢銷書，但這些人描述的技巧卻很難在現實生活中派上用場。此處提到的想法是從

但容我再三提醒你，光靠「想」是無法成功的。你必須去做。而動手做某件事，你得先確定沒有太多不利後果，卻可能有極大的好處。最低限度，你得將一般認為的「失敗」重新歸類為「學習」。

但無論如何，伽利略知道自己會學到東西。一五九〇年，他大概花了一年時間（傳記裡沒有清楚交代）做這個實驗。結果出爐：兩樣東西同時落到地面上。這個動力實驗名副其實推動了伽利略關於重力和自由落體的理論，奠定了近代物理學的基礎。

伽利略不僅透過這項實驗推翻了兩千年來的思維，導正了亞里斯多德提出的知識——普遍認為他具有無可挑剔的智力——他也被封為近代物理學之父，甚至是科學方法的先驅。「一萬次實驗法則」讓他很快站在舉足輕重的位置。

有些人讀到這樣的故事會說：「嗯，那是伽利略啊！我沒那麼厲害。」但他只不過是爬到某棟危樓上面，把一塊大石頭跟一個小一點的石頭往下丟。就這樣。

實驗人人可做。誰都能成為問「為什麼」的科學家、想知道「如何做」的探索者。讀到伽利略這樣的故事，要問的是：「為什麼不是我？」

你所做的每一項實驗，至少可讓你長些知識。理想的情況是，你增加了一％知識。沒錯，一％法則發揮了作用。

不消說，愛迪生嘗試了一萬種燈絲，才創造出第一顆電燈泡。這個故事其實是假的，卻是學生最常聽到的故事版本。他其實是在試著發明更好用的電池，試了超過一萬種不同的電池組，總算找到了。

每次實驗都沒有明顯的不利，卻隱含極大的效益。愛迪生之所以能夠創立有史以來規模最大的奇異公司（General Electric），全是因為他所做的實驗。有個同事問愛迪生為何失敗了一萬次，依然不屈不撓，他說：「失敗？我沒有失敗，而是找到了一萬種電池不能用的方式！」

從無數不可能中找到可能

至於我的「穩定交往」的手機軟體，我得想出一組實驗來測試這個點子是否可行。要是這些實驗成功了，我可以賺到幾百萬元！

隔天我大概花了一小時，約略寫出這套手機軟體的用法：用戶該如何註冊、他們跟打算穩定交往的那個人要怎麼「聯繫」、手機該如何刪光交友軟體，或許還得發出通知給雙方各自的社交圈。

然後我便將大膽構思出的軟體「規格」，貼到 Freelancer.com 網站上，這樣全世界的程式設計師都可以看到這份規格，前來投標，為你執行這項專案。這就是逆向拍賣，因為在其他條件相同的情況下，出價最低者是贏家。

但我的實驗若想成功，必須聘請最合適的程式設計師。面對每個出價的人——來自世界各地，包括印度、馬來西亞、美國——我問他們一個問題：「有沒有可能讓你手機上的某個軟體看到其他手機軟體？」為什麼這麼問？因為這個穩定交往的軟體必須看到其他交友軟體的存在。一位程式設計師回應道：「在安卓系統上可以，但蘋果手機的 iOS 系統不行。」

好了，實驗結束。這個點子行不通。要是這款軟體只能用在安卓系統的手機上，我不打算付錢做。為什麼？因為我還做了個小研究（花五秒上網搜尋），得知八二%的青少年（我的目標客群）用蘋果手機，所以根本行不通。

才做了一個實驗就發現我這個了不起的點子注定失敗。但它是否符合有效實驗的五項標準呢？

- 容易設定、執行？是。我有了個點子，列出規格細節，把它上傳到專業網站上。
- 幾乎不會有損失？是。我一塊錢也沒花，大概只花了一小時而已。
- 有很大的潛在利益？是。如果在專業網站上進行的小實驗行得通，我就會聘請一位程式設計師，做出這個手機軟體，著手進行更多實驗來行銷這款軟體。這款軟體若能運作，我極有可能把它賣給專門收購的公司。

- 還沒有人做過這種實驗：對，這個實驗我還沒做過，所以可以學到東西。先搜尋一下，看起來別人也都還沒做過這款「穩定交往」的軟體。現在我不妨進一步實驗，看它是否合用。也許我是第一個做出來的人。
- 你學到了某件事：是的，我學會上 Freelancer.com 這個網站，而且發現這裡有很多程式設計師，日後有專案就可以上來找。我還學會撰寫手機軟體的詳細規格，是以前不曾寫過的。我還學到如何為蘋果手機和安卓系統編寫程式，稍微了解這方面的業務。

當然，很可能這個點子本來就很蠢，根本不值得花時間。但話說回來，這個實驗花了我一小時，也沒損失一塊錢。而這個手機軟體實驗的故事，我拿來在「一萬次實驗法則」的收費演說中當成個案分析。從這層意義上來說，這個實驗獲得了回報。

我現在說的這個方法，跟你聽過的一萬個小時練習完全不同，而是要找出九千種不適合做某事的方法，也許能夠引領你找到一、兩種足以成功的方法，然後引導你創造出一款最受歡迎的手機軟體，或是成立一家規模極大的公司。

並不是和一名教練反覆練習某個動作。

它是從小地方延伸你的知識，也許是關於這個世界的知識。

如果你天天這麼做，每日有一%的進展，那麼你的知識、技能、職涯都將在極短時間內呈現指數成長。

實驗讓你省下時間，獲得知識，又沒有損失

我的一位朋友有個點子。她知道一種紮染的獨特技法，可以用來染襯衫、運動褲、外科口罩等等。她認為這種方法滿有趣，人們應該會買單，而且她想在上面印「美國製造」（Made in America）的字樣。她拿了幾件襯衫給我看，我覺得都很美，應該有銷路……但誰知道呢？她花了一個星期設法在美國找到她需要的材料，搞清楚在美國製造的流程。

「妳不需要這麼做，」我說，「做個實驗就好。」

「但我還是得搞懂做法，」她說，「而且我要知道上哪裡弄到這些材料，我才可以做『美國製造』的標籤。」

「沒問題，但不妨這麼做：在中國弄到妳需要的一切東西，妳已經知道這些東西都可在中國找到，然後貼上『美國製造』的標籤。」

「但這是撒謊。」

「不，妳沒有要賣。妳只是需要一個雛型。把它放在 Etsy 之類的網路商店上，看看有沒有訂單。如果有訂單，妳就想法子做出來。就算需要多一點時間，很多人也不介意。只要說是客製化就好。」

「要是我的訂單不夠多呢？」

「那就把錢退還給每一個人。」

她在房間內踱步，說：「這主意不錯！」

「等一下，妳甚至不需要真的去做。」我對她說，「我剛才說的這些，妳把它大概寫出來，在臉書上登廣告推銷這項產品。撥一小筆預算，比方說兩百美元。」

「但他們要去哪裡點閱商品？我連網站都沒有！」

「這個不要緊。他們什麼都不必點閱。但妳會在臉書廣告管理員那裡看到有多少人點擊。如果有人點擊，妳就知道有人對這個點子感興趣。要是都沒人點擊，妳就不必浪費時間。」

「太棒了！」

把自己的點子看成假說，透過實驗來試探可行性，替她省下了半年的時間。她只消花一個下午，便可利用電腦修圖技術模擬這個產品的實際外觀、做廣告，再看看她的點子會不會成功。要是實驗失敗了，也稱得上成功。畢竟她省下了半年時間，對臉書廣告有些微了解，略微明瞭人們對於不同的衣服有什麼需求。她甚至可以再拿不同的設計、顏色、其他標牌（而非「美國製造」）來做試驗。她不妨試試「梵蒂岡製造」，就為了好玩！想怎麼樣都行。

結果她做了什麼？

什麼也沒做。她的興趣轉移到別的事情上了。

沒關係，這樣才更有理由做實驗，因為人很容易對於原本就沒那麼熱中的事物失去興趣。

在這些例子當中，實驗並未造就成功的事業。九九%的想法根本行不通。這就是為什麼實驗必須容易設定，也不致造成什麼損失。

但你省下時間，獲得了知識。而且這是從成功通往成功的路徑。總會有某項實驗給你想要的結果，但你在更多的實驗中獲得了聖杯，那便是知識。

實驗成功的祕訣：數量

為了遵循一%法則，我喜歡每天做一個小小的實驗。

比方說，如果你在學西洋棋，不妨在開局時改下某種極少見、你也沒下過的變著（變式）。正因為很少有人這麼下，大多數棋士都不熟悉。花一小時研究，先跟電腦對弈，做好準備，接著去線上下棋網站，用那個開局變著跟人下幾盤棋。這麼做沒半分損失，卻有極大的好處：如果對手被你殺個措手不及，不曉得如何回應這種特殊的開局，你就可以學到東西；只要你把下過的每一盤棋，再用電腦跑一遍，研究哪些地方可再改善。倘若這招管用，你就是這種開局變著的專家，贏面大為增加。

我有時寫作也會做不同的嘗試。像是用第二人稱（用「你」來取代「我」）來寫一篇部落格文章。或者採用書信形式：假裝我在寫信給孫子，孫子回覆，雙方來回通信（書信體貼文）。

小說家林韜也嘗試有趣的實驗。他的小說《理察・葉慈》（*Richard Yates*）敘述少男少女之間的愛情故事，兩名主角之間來回傳遞的簡訊，占了小說大半篇幅。

眾所周知，安迪・沃荷（Andy Warhol）首創「普普藝術」（pop art），利用商業意象或名人頭像，然後進行大量生產，消除了藝術與美國通俗文化及營利主義之間的界線。

但在那之前，他在紐約待了十年，是廣告業最優秀的插畫家，栩栩如生的風格在行內相當出名。也就是說，他具備極高的藝術才能，畫作與相片幾乎沒分別。但這不足以造就藝術生涯。能夠銷售作品的藝術家必須與眾不同，對「藝術」本身形成實質的影響。沃荷不斷嘗試用新方式讓他的插畫獨樹一格。比方說，他會先用鉛筆畫一張畫，再加上墨水或水彩，然後再拿一張紙壓在這張畫上面，「印出」鏡像效果。

接著，他開始以連環漫畫為素材，勾勒素描和裱框畫。這是一項試驗。但他發現朋友羅伊・利希滕斯坦（Roy Lichtenstein）已經著手進行。另一個朋友給了他一個構想：「你要畫每個人都認得的東西，像是康寶濃湯罐頭。」

他最知名的畫作甚至不是他自己想出來的。由於是朋友建議他畫濃湯罐頭，他付了五十美元給這名朋友。然後他進一步測試，不光是畫一個濃湯罐頭，單獨展示，而是畫了三十二個濃湯罐頭，一整排罐頭就是一幅藝術作品。這項實驗獲得了回報。它開啟了整個普普藝術的先河，將沃荷推向成功的顛峰。光是其中一幅濃湯罐頭的畫最近就以一千一百七十萬美元售出。

實驗成功的祕訣在於量多。

愛迪生做了九千次實驗才發明出一項有用的東西。沃荷大概用顏料或鉛筆畫了數千幅作品，才確立了他獨特的風格。位於美國賓州匹茲堡的沃荷美術館有七層樓，裡頭有許多畫作、相片、電影、素描等等，但這些只不過是他一小部分的作品而已。畢卡索一生畫了五萬多幅作品，維珍集團董事長理查・布蘭森（Richard Branson）迄今已創立三百多家公司。

披頭四（The Beatles）製作過十二張專輯，每張專輯皆力求風格創新，絕不舊調重彈。每一張唱片都是新的嘗試：不只是樂器彈得更棒，或寫出更好的歌曲，他們還做出不同的嘗試，早期幾張專輯是流行樂風格，但在複雜的《比伯軍曹寂寞芳心俱樂部》（*Sgt. Pepper's*）專輯中，他們揉雜各種元素，從綜藝秀音樂、印度古典音樂，乃至搖滾樂都有。披頭四每一張發行的專輯，皆以實驗為常規。

做實驗，你就能脫離隊伍，找到新路徑。

從簡單的實驗開始

我設立避險基金時做了個實驗。

我想要募款，希望大家給我些錢讓我投資，其中一小部分利潤給我抽成。我前去拜訪某人，說我想募一筆錢，他當面嘲笑道：「你錢都賠光了！我為何要給你錢？」另一個人對我說：「你根本不該提議這次會面吧？你沒梳頭，沒有名片，連一間辦公室都沒有。我不會給你錢。」

他們說的都對。我沒有見解獨特的主張，至於要怎麼投資，我也沒有明確的願景。

我寫了某種軟體，搜集一九四五年以來每一支股票的每一筆資料，據此建立一個資料模型，再利用軟體找出固定的模式。舉例來說，若有一家公司傳出負面新聞，連續三天股價下跌百分之二十，第四天股價回升的機率有多大？我找到了幾百個模式，均顯示股價極有可能上升。我現在不再推薦這種方法，但在二〇〇二至二〇〇五年期間，它的確很管用，直到後來其他人開始用類似的概念，嘗試設計各種不同的軟體。

這個實驗是這樣的：我自己拿錢出來投資。我的錢不多，而且只拿出一小部分積蓄，但結果不錯，二〇〇二年每一個月我的股票價格都上漲，而那年市場一片慘澹。

與此同時，我還做了其他試驗，設法用別的方式賺錢。但這項實驗有用，最後我募到了錢，就連最厲害的投資家也願意拿錢投資我這項策略。它成功了。

從一個簡單的實驗開始，幾乎不花錢也不需多少時間，何況我同時也在尋找機會開創不同的職涯。我的銀行戶頭幾乎沒錢，隨時可能失去房子，但我開創了一門新事業，建立新職涯。我是專業的投資家，多年來都維持這樣的身分。

你的鏡子中反映的是誰？

當有人說：「你不能這麼做！」他們只是想展現自己很有分量，認為自己有權力指點你人生該怎麼活。

你注視著這個人，此時此刻，你可以選擇這麼想：這個人是一面鏡子嗎？如果他是一面鏡子，那麼你可能出於本能反應地說：「我不能那麼做！」而你自己也相信了。

我看著一面鏡子，看到我自己，就對自己說：「我就是這個樣子。」一旦你把其他事物或其他人看得很重要，你就創造了一面新的鏡子，只有在你把目光投向他人，讓對方決定你的價值時，你才知道自己是誰。同儕、上司、家人、媒體、政府或另一半的意見，似乎比你自身的想法還重要。之後你的頭腦和內心開始失去連結，你已經把這些東西委託他人代理。你釋出越多權力給別人，你就落在越低的階級位置，也越像是出於無奈地努力模仿別人的行為、想法與界限。

我們小時候總是嘗試突破界限。如果父母說：「千萬別去那裡！」我們就一定會去。我們玩耍、實驗、充滿好奇心。

請確定你的動機和興趣並不只是反映出周遭人們的意見。脫離隊伍意謂著你必須走一條不同的路，每個人都會看著你，覺得你很古怪，因為你本來**應該**站在隊伍裡。「孩子們，排成一隊！」老師喊道。如果你不肯排隊，他們會失望，會公開質疑你的判斷。他們會設法破壞你的頭腦和內心之間的連結，而那才是真正重要的東西。你的心是指南針，告訴你往這個方向走，在這兒轉彎，以那裡為支點，而你所有夢想、熱情與目的，始終在這兒等著你。

然後，你的心把這訊息告訴你的頭腦。若沒有把他人當成鏡子，你就成為自身的光源，而非僅僅反射他人的光亮。你的頭腦開始懂得運用本書提到的技巧，針對你真心喜愛的事物，創造出一己獨特的觀點；同時培養你所需的技能，做好你熱愛的事；也激盪出各種想法和執行方式，好讓你躍升為佼佼者，這樣你就能實驗，玩出各種玩法，而且賺到錢，也就能躋身前一％，無論是哪個領域點亮你內在的光源。

我們為何要覺得別人很重要？為何要讓身旁的人（即使是我們所愛的人）決定我們是誰，應該成為什麼樣的人？

是因為寂寞。沒人想要獨自一人。「他們喜歡我。他們真的很喜歡我。」我們渴望別人的愛，而我要做的只是不要滿足我這個人的需求，不要脫離隊伍，就能始終被大家接受。否則我將失去這一切。

我懂了。我一直覺得害怕，必須不斷提醒自己：在我們短暫渺小、習慣相互分享的生命旅程中，選擇權在我手上。**這是我的人生，或只是其他人價值觀的反映？**

我打算去ＨＢＯ執行長的辦公室找他時，有人對我說：「你不能這麼做！」我的同事沒說錯，我不能那麼做。因為我正走在掛滿鏡子的長廊上，有可能迷路，可能跌倒，弄傷自己。我冒著孤獨的風險。

我走進執行長的辦公室，他坐在辦公桌前，抬起頭問：「你是誰？」

我向他推銷一個點子：「ＨＢＯ有原創自製的電視節目，而且做得非常棒。我們何不用網路這個全新媒體，製作原創節目？」我向他推銷這個被我命名為《凌晨三點》（*III:am*）的點子。

我會在每週二凌晨三點出門去採訪不同的人。為何選星期二？因為如果你週二夜晚在外面待到凌晨三點，很可能是發生了什麼事，而且多半不是好事。

他揮了下手，只顧低頭看桌上的文件，說：「無所謂。聽起來不錯，就做吧。」

我真的做了。接下來的兩年，我在凌晨三點的紐約街頭訪問了數千人。我訪問過妓女、皮條客、藥頭和遊民。凌晨三點，我去雷克斯島（Rikers Island）上的監獄，有些人在大半夜等著被保釋，我在那裡陪他們說話。我竭盡所能在這個城市中探索，這個節目應該是第一個「網路秀」。幾乎整整三年，我把訪談內容放在ＨＢＯ網站上。《時代雜誌》（*Time Magazine*）曾有文章提到我正在做的《凌晨三點》網路秀，這個節目變成了那時ＨＢＯ網站上最多人瀏覽的區塊。我在那段期間學會了採訪。

ＨＢＯ給我一筆錢，要我拍成試播節目，還找了一位知名的紀錄片製作人跟我搭檔，所以隔年我盡可能地學習製作電視節目的種種技巧。

其他公司注意到我正在做的事，也打電話給我，問道：「你可以幫我們做一個那樣的網站嗎？」

這些請託讓我能夠開設自己的第一家公司。無數娛樂公司和媒體公司來找我建立網站，最後我以數百萬美元的價格賣掉這間公司。

聽到「你不能這麼做」，直接走過去，就能打破這面鏡子，把它砸個粉碎。若你不再是他人的鏡像，你便開始在世上留下真正的足跡，也會開始獲得知識。

鏡像必須一直靠近一面鏡子，否則就會消失。說：「我可以這麼做。」同時不要太看重結果，這就是自由。

為什麼我說：「不要太看重結果」？因為若我知道結果，那就只是好勝的自我在做實驗，而非真正在追尋知識。

沒有哪個重量級人物可以告訴你：「你不能這麼做」，你也不該將任何結果或成果看得那麼重要。

唯有透過這種方式，一個人才能夠走出充滿了鏡子、鏡像、鬼魂和自我的世界，一腳踏進這個始終在等著他的世界。

實驗沒有失敗這回事

我做了另一個實驗。

那是二〇〇九年初。我賣了三家不同的公司，靠寫作賺了不少錢，然後又破產了。

關於金錢，有三項技巧：

- 賺到錢
- 留住錢
- 讓錢變大

我似乎挺會賺錢，但還沒學會掌握另外兩項技巧。

關於交友網站，我另外有個想法。一九九九年時，我曾想過投資某個交友網站，也研究了這個產業。交友網站是最容易上癮的網站，而現在手機上的交友軟體一樣讓人捨不得離開。

畢竟，臉書一開始就是為了讓大學生相互評價而設立的。

所以我想，要是我做一個跟推特結合的交友網站，會怎麼樣呢？你在我的網站上註冊（我叫它 140Love.com），而演算法會根據你推特上的消息和追蹤者來進行配對，讓你認識有相似推特內容的人。然後你就能看到每位配對者在推特上的內容，再做出決定。這樣你就知道誰是最適合你的人——這是其他交友網站無法辦到的。

我寫好軟體（我現在不寫軟體了，如果你也不寫軟體，架設一個有基本功能的網站大概要一千五百美元），然後把它發佈上線。效果還可以，但還不夠棒。我以為它會一鳴驚人，為什麼沒有？我原本以為人們在聯繫、接觸潛在對象之前，會想多了解對方一些。嗯，我錯了。大家喜歡基本上匿名的交友網站。

這一次失敗了嗎？才不。我花了一星期寫程式，那段時間裡我同時忙好幾件事。我每天為《華爾街日報》寫專欄，在《金融時報》上也有專欄，還是數個新聞節目的常客，也在寫一本書。但那個星期，我還得為這個網站撰寫程式，學會使用某種軟體，以運用推特的應用程式介面（其他電腦程式可以在這個介面上跟推特說話，以取得個人簡介、推文等等）。我更加了解交友網站，明白它們爆紅的原因，了解交友產業的歷史（不論你喜愛哪個領域，請務必搞懂它的歷史）。了解這些具體的細微差異後，我最後不得不關閉這個網站。

一件完全意想不到的事發生了。

一家排名前三大的廣告公司打電話給我，表示想見個面，因為他們喜歡這個網站，需要找個懂推特的「專家」。我不是專家，但因為我做了這個網站，看起來就像個專家。

他們想知道我是否肯做「推特諮詢」，我說：「好！」他們有個客戶，是一家汽車大廠，正打算推出一款以電力為主要動力的新電動車，想吸引年輕世代的青睞。他們想規劃一套推特上的行銷策略。

我開始說出一連串的點子，他們聽了很中意（見第十章〈學習點子微積分〉），就聘請我了！只有一件事比較麻煩：我必須來回往返底特律，花時間跟這家客戶相處。噢！順道一提，這個客戶會介紹更多客戶給我。

我滿了解代理商業務的。我自己在一九九〇年代經營過一家網路廣告代理公司，很清楚如果我辦好這件事，建立一家真正的代理公司，最後就能把它賣給大型廣告代理商，搞不好就是這家找我幫忙搞定汽車客戶的公司。

但我不確定。情況還是一樣，那時我對於這個名為 140Love.com 的網站空有想法，卻沒真的花時間跟金錢去做。而我只差一步便可擁有一家真正的公司，大可建立起來再賣掉。但我直覺知道自己並非真心感興趣。

我不太擅長經營人脈，不好意思打電話給別人，常常不回電話，而且很容易跟別人失去聯繫。

但是，我好看的外表足以彌補這個缺失。（只是說笑，我們會在第十三章〈人人都該學的微技能〉介紹這個「六分鐘建立人脈」的概念。）

我致電麥可．萊茲洛（Michael Lazerow），他是臉書廣告代理商「巴迪媒體」（Buddy Media）的執行長。像百事可樂等知名品牌都請巴迪媒體協助設立臉書專頁、規劃粉絲專頁抽獎活動、擬訂策略、投放廣告等等。

我對麥可說：「我打算替臉書做一個推特版的『你在做什麼』。」

他說：「聽起來不錯！要是真的受歡迎，我們可能會把你買下來。」我聽到他那裡很吵。

「你在哪裡？」我問道。

「聖路易斯機場，我正要去東京，二十四小時後去洛杉磯，然後再回這裡。」

搞什麼——我才不想這樣。我不想四處奔波，跟不太想接觸的人打交道，想方設法把東西賣出去。

我被困在鏡子前動彈不得！首先是廣告代理公司說：「我們覺得你很棒！去底特律！」接著是麥可：「這個可能很厲害！我們甚至可能把你買下來！」他們喜歡我。真的很喜歡我。但我必須抽離眼前見到的美好景象！心是沒有鏡子的。你的家族、社會、內心仰慕的人們紛紛表示意見，但你要傾聽內心的聲音。我就是不想做這門生意，不曉得為什麼。但就像人們說的，我的心不在這上面。

我婉拒了去底特律一事，繼續往下一個目標前進。實驗結束了，但我學到很多，而且這次經驗有可能變成我想要的機會。

這次經驗讓我受惠了好些年。因為那時推特才剛問世，我運用詳盡的知識逐漸吸引一批受眾。我試著在推特上舉辦問答活動，之前我從未見過別人辦這種活動。一連兩年，我回答了創業和投資的問題，之後開始有人任意提問，而我也有問必答。我喜歡這樣！而且在推特上關注我的人越來越多。我吸引了一群受眾。這項實驗很成功，不花錢，只需兩小時。我一星期後再做提問，過了一星期又做。一連六年，我每週四都讓大家提問。

有時候人家問我：「你是誰？我們為何要問你問題？」他們設法建立比我優越的地位。我有傲人的資歷嗎？我會誠實回答：「我是無名小卒。」但只要人們繼續問，我就會回答。

這次的實驗成果豐碩。其一是對我賣書有幫助，最後我參觀了推特的辦公室，跟推特當時的執行長結為朋友，他還為我的《雞窩頭下的金頭腦：給魯蛇們的三十一道成功啟示》（*Choose Yourself!*）一書寫序。

這個實驗改變了我的人生，雖然在某些人眼中算是一敗塗地。如果你學到了東西，你就賺到。而這些東西足以幫助你快速致勝。

有了那次實驗學來的知識（再加上其他多次實驗累積的知識），我便能利用自己在推特上的平台，自費出版書籍，當時極少有人這麼做。這本書在整個亞馬遜（Amazon）商店賣到第一名成績，也許是自費出版的書第一次創下這種佳績。這本書也讓我得以跟亞馬遜建立關係。

我沒有循一般管道賣書，從零出發，變成英雄。我先前的幾本書從未登上暢銷書排行榜，但第一本自費出版的書卻辦到了，而且我幾乎只靠推特就搞定了所有的行銷工作。

再說一次：

- 容易設定、執行
- 幾乎沒有損失
- 有很大的潛在利益：也許帶來好處的機會不只一個。
- 獨特：就我所知沒有人做過。
- 學到某件事：我學到了一課，而且我沒去底特律。

我沒有花一萬個小時學習自費出版與書籍行銷（甚至專做推特的廣告代理業務），但我仍然成為這一行的頂尖高手。

全都是因為做了個小實驗。

我經常做各種大大小小的實驗，有些在周遭人看來似乎很蠢，但現在他們都了解我，只是笑笑，希望我成功。另外一些實驗是用來幫助我了解新事物，幾乎沒有損失，潛在利益卻很大。我從來不去想結果如何。每當我的好奇心生起，我就知道自己的心在告訴頭腦，這件事值得去做。

現在我要告訴你其中幾項實驗，我不僅從中學到一些事，也達成了一些目標。

我擔任過多年的程式設計師，也有長期製作播客的經驗，因此很想知道為何使用視訊會議軟體的人數日益增多。以 Zoom 為例，在封城期間多出了兩億名日常用戶。但身為專業播客，Zoom 的功能對我來說嚴重不足，其他競爭者也好不到哪裡去。

我像服務生一樣拿出小便條本（稍後再說明），動手寫下「今天的十個點子」（見第九章〈鍛鍊可能性肌肉〉）。我針對 Zoom 提出了十點特色，並且先從軟體如何設計的角度出發，進行初步研究，翌日擬出了一份程式設計師的清單，上面列了十位適合商談此事的人選。

我決定做個實驗。這回我想自己執行這個軟體，而不是把點子告訴某家公司。我找到了一位程式設計師，也很喜歡他。我們說好了一起合作，我想到了什麼新特色就告訴他，他則著手開發這項軟體。我們倆的損失微乎其微，但若是這項軟體能夠滿足許多播客主持人、甚至活動策劃人的需求，必定帶來一筆大生意。至少我逐漸掌握了遠距錄音的細微差別，對我而言這塊領域很重要，必能提升我幾個播客節目的品質。

執行一萬次、甚至遠少於這個次數的實驗，有可能帶來偉大的知識與傲人的成功。這也是逸出常規、迅速在各行業竄起的途徑，不但最快，而且把損失降到最低。如同嘉納治五郎所說：「用最少的精力達成最大的效能。」

第四章　成為自己人生的科學家

崔西．摩根（Tracy Morgan）路過附近，進來「紐約脫口秀俱樂部」（Stand Up NY）打招呼，我是這家店的老闆之一。為免有人不知道，容我介紹一下，他是世上最有名的脫口秀演員，也是熱門電視節目《超級製作人》（*30 Rock*）的鑽石陣容之一。

經理問他：「想上台嗎？」

他說：「我沒準備，什麼都沒有。啊隨便啦，我可是崔西．摩根！」

他上台二十分鐘，吐出一個又一個笑話。每個人都在笑。

他活力奔放，大聲喊叫、大聲地笑，還會扮鬼臉，彷彿他的頭腦和聽眾之間毫無隔閡。他講話的方式很特別，既低沉又響亮。

事後他在酒吧對我說：「只要說出你內心有什麼煩惱，惹上麻煩了嗎？聊一下，他們就想聽這個。」

「之前」或「之後」？一萬小時練習或一萬次實驗？

這是我最害怕的部分，俱樂部經理要我選擇在摩根之前或之後表演。我多次被要求做這種抉擇，我也見過其他人被迫做此抉擇。每個人都立刻說：「之前。」

為什麼？因為像摩根這種脫口秀演員（或任何一流的喜劇演員）都會把觀眾「牢牢鎖住」。他有活力、名氣、不加雕琢的獨特性，把大家都迷倒了。在他之後登場的喜劇表演，總是會令觀眾感到失望。

如果我上台，他們一定會這麼想：「我剛看過摩根欸！」或「我剛看過加菲根耶！」或「我剛看過哈戴許耶！」是誰並不重要，但可以確定的是：看過技巧高超的巨星演出，群眾必定對緊接在後的表演者感到失望。

但這次我說：「之後。」這將是我當天的實驗。如果你傾身向前擁抱讓你不舒適的事物，你就會更進步。觀眾最少的表演空間使你能夠在其中學習。

摩根從台上拾級走下來，跟我握手。我接過他手上的麥克風，大家慢慢安靜下來。

我原本可以選擇「之前」，這是一萬小時練習的方法。不斷重複我的素材，之後看錄影帶（我每次都錄下自己的片段），仔細看錄影帶的內容，從中學習。然後重複、重複再重複，直到我跨過那神奇的一萬小時門檻為止。

「之前」是舒適圈。不消說，舒適圈很舒服，誰會選擇離開？但通往精通純熟的那條路就位在觀眾最少的房間裡。「做**唯**一的那個。」你沒有太多次機會跨出舒適圈，而你也不想離開。誰會想經常處於不舒服的狀態？

而實驗一定位於舒適圈外頭。你孤身前往別人都不想去的地方，一探究竟。

「之前」是一萬小時練習定律，但我沒有一萬個小時。「之後」是一萬次實驗法則，位於舒適圈之外，而且做實驗有爆炸的風險。

突然感到害怕？那就對了！

當你採用平常的做法，卻突然對某個想法產生好奇，想著：「如果我試著做某事會怎麼樣？」此時你忽然感到害怕，這就是有效的實驗。你突然覺得好像聽到某人在大喊：「你不能這麼做！」或「你不該那麼做！」抑或是你覺得「萬一我做了以後，別人不喜歡我怎麼辦？」這份恐懼是最重要的一環。

那時你就站在了「不能」的彼端，只有你一人。這就是成功。

每一次實驗，都能讓你跳過一萬小時練習的一部分。因為不是每個人都能做到你剛剛做完的事。

我明白這一點，因為我是過來人。你可以做一萬次實驗都失敗，然後你就突然變成了愛迪生。

所以，看似一夜成名的例子，經常隱含許多不為人知的努力。

我以前失敗時容易哭，現在偶爾還是會。那真的很痛苦，我一直想放棄。所以我才懂得要控制實驗的規模，越小越好。

明天又是新的一天。新的實驗。

做一萬次實驗，你一定會變得非常強大。（其實，我在想一千次就夠厲害了，但為什麼不繼續做呢？）

不斷實驗，省下時間

表演一場脫口秀（又稱獨角喜劇），可以做很多種嘗試：

1. 在某個厲害的人之後表演，就好像我在摩根之後表演，觀眾會打從一開始就不想聽你說。去贏取他們的心。

2. 在付帳單的時候表演脫口秀——此時，服務生會把食物或飲料的帳單遞給客人，觀眾席上每個人都在講話。這樣你會更懂得如何讓忙著計算小費金額（例如二二．五八美元的十五％是多少）的酒醉客人發笑。

3. 當主持人。這樣你就有機會表演六齣袖珍脫口秀。你更懂得嗅出場地的氣氛，把場子炒熱。

4. 自己先大笑。因為這批觀眾的情緒還沒準備好。孩童一天笑三百次，成年人一天只笑五次。如果他們還沒進入狀況，也就不記得該怎麼笑。

5. 自己最後一個大笑。因為這批觀眾很累，而且喝醉了。

6. 做足「人群工作」。所謂人群工作，是指你跟觀眾講話，而不是用事先準備好的素材。你必須言詞鋒利，專注於當下。「你來自水牛城，是裝地板的？」接著你得用這個開玩笑，而且連講一百個。

7. 每段都有兩成內容是新素材。大多數的脫口秀演員從不用新素材，而且同一個笑話用了許多年。

8. 把笑話演出來。用不同的聲音很有趣。

9. 編一些讓觀眾恨得牙癢癢的笑話。練習面對觀眾的沉默，或者厲聲責問。對脫口秀來說，沒有比沉默更殘酷的事了。

10. 用五分鐘說一個自己的人生故事。這麼做能迫使你即時發現故事當中好笑的部分。

這就證明了**做**比**空想**更好。只有在面對五十雙流露出懷疑、盯著你瞧的眼睛時，你才能設法講出好笑的笑話。

我無法預先知道這次會學到什麼。我是學生，只是在做實驗。每一次實驗都改變了我。我回家把學到的東西寫下來，省下了更多時間。

有次，我想做個實驗，幫助自己講出更厲害的俏皮話。我跟一個朋友去搭地鐵，他在我表演時負責拍攝，之後我就能重看影片，找出效果最好的幾句話。相信我，地鐵上沒有一個人想看我表演脫口秀。這批觀眾超級難搞。這項實驗是要幫助我改進表演風格和寫俏皮話的技巧，如此一來，無論我遇到什麼情況，至少有一個人聽了會笑。我必須給每一個笑話進行瘦身，確保當中沒有一個贅字。

克服恐懼，持續實驗

那晚我在摩根之後上台，表現還可以。沒什麼特別值得說的地方，我沒有讓任何一個人大感驚豔，但他們笑了，還過得去。在地鐵車廂裡的情況也是一樣。有些人笑了，但大多數人不甩我。我記得一個笑話：「我叫了優步的共乘服務（UberPool），他們卻送來這節地鐵車廂！」噢等等，還有一個：「這是六又二分之一車廂嗎？這班地鐵是去霍格華茲的嗎？」

不過……我有學習，也有進步。上面兩種情況讓我覺得害怕，但我克服了恐懼，而且辦到了。我稍微懂得怎麼面對複雜甚至可怕的問題，這是另一項一％的進步。透過每一項實驗，我學到了更多技能，更懂得解決棘手的狀況。

除非我有機會做實驗，而且清楚知道自己要做什麼實驗，否則就不上台表演。好比有一次，我沒有講笑話，而是在空氣中彈鋼琴（我面前沒有鋼琴，我是在模擬彈奏「大火球」〔Great Balls of Fire〕這首歌）。那次實驗糟糕透頂，但我有學到東西。而且我為求手部動作完全正確，足足練了一星期。

另一次實驗，我讓觀眾決定要聽什麼主題的笑話。我從沒見過哪個脫口秀演員這麼做，但我在公開演說時用過這個點子（見第五章〈向別處借來時間〉）。一旦觀眾感到自己有選擇，就會產生認知偏誤（cognitive bias），更願意投入你的活動。

那次實驗很成功。

我每天晚上做一個實驗。一年後，我在紐約最大的卡蘿琳（Carolines）俱樂部表演了四十五分鐘。六個月後，有人問我是否要去荷蘭巡迴演出，在當地最大的幾家俱樂部表演。票全都賣光。

我沒有乖乖排隊，省下了十年左右的時間。但我還是個學生，持續做實驗，沒有停止的一天。

第五章　向別處借來時間

她根本不知道規則！

瑪莉亞·柯妮可娃（Maria Konnikova）有心理學博士學位，從小就對福爾摩斯探案十分著迷，還寫了《福爾摩斯思考術：讓思考更清晰、見解更深入的心智策略》（*Mastermind: How to Think Like Sherlock Holmes*）這本暢銷書。

然後她決定要學撲克牌，寫一本這方面的書。她對撲克的規則一竅不通，完全是新手。

她請來世上頂尖的撲克牌玩家艾瑞克·賽鐸（Erik Seidel）當教練，了解規則，開始累積技巧到足以參加錦標賽。

她不到一年就快速致勝，在好幾場撲克遊戲錦標賽中打敗某些頂尖好手，贏得二十五萬美元獎金。其中有些選手有超過二十年的專業資歷！

我問她：「妳先前花了數千個小時才拿到心理學博士，妳有想從中借一點時間嗎？」

「當然有！」

她有攻讀心理學的經驗，又對福爾摩斯解決問題的方法有濃厚的興趣，這是她勝過大多數新手的地方。她更懂得看穿人們的心思，知道誰在虛張聲勢、誰老實打牌；她迅速下決定，完全是福爾摩斯風格。讀博士班期間的研究和苦讀也是極佳的訓練，讓她很快讀完必須了解的資料，也讓她具備專家等級的統計知識，這一點對於撲克來說非常重要。

她的教練賽鐸，是有史以來贏取最高額現金獎金的撲克選手，也深諳向別處借時間的道理。他在玩撲克之前，曾是西洋雙陸棋的世界冠軍。

下西洋雙陸棋會用到的技巧，其中一部分跟撲克重疊：看穿對手的心思、金錢管理（西洋雙陸棋本身屬於博弈遊戲）、統計、競爭的心態、有張撲克臉（這樣就沒人看得出你對目前賽局的想法）等等。請注意，這些技巧之間不太相關，有張撲克臉和金錢管理之間一丁點關係也沒有，然而有了這兩項技巧，你在西洋雙陸棋或撲克比賽中，就能打敗九九％的選手。

實驗的重要法則之一：別在乎結果

你若能將某一領域的技巧運用在另一個領域，就是借到了時間。這是一大優勢。但若你不知道後者所需的技巧，有一部分是你現在具備的技能，你就得花上很多時間把它轉換過來。

比利（Pelé）也許是有史以來最厲害的足球員，但他是怎麼在短短時間內變得這麼厲害？他十五歲以後才開始認真踢球，而許多職業足球員在十五歲時便已具備十年的資歷，練球超過一萬小時了。

他家境赤貧，成長過程中周遭沒有足球設施或器材，於是，他和朋友改玩另一種球類運動，叫做室內足球，在巴西也很盛行。球比較小，場地也限縮，迫使球員要更常傳球，練習更多腳上功夫。「玩室內足球，你要想得快，動作快。」比利說，「後來改去踢足球時，玩起來就覺得很容易。」

此外，比利常光腳在街上堅硬的地面上踢球，後來改在草地上踢（而且穿上球鞋）更覺輕鬆許多。他小時候常常踢室內足球，等到他改踢英式足球時，當初踢球的時間便可輕易轉換成練習時數。他幾乎立刻變成世界第一。他為一項運動做的練習，可運用在另一項運動上，等於借到了時間。

不論你是科學家，或是好奇心旺盛的人，想跟隨熱情朝新方向前進，都很難知道所做的努力會帶來什麼樣的結果。你可能猜測過結果，但不管怎樣，結果都將為你帶來影響或改變。**不關心結果如何，不僅是最重要的科學法則，也是跳過排隊行列、快速致勝的首要規則。**

就連親密關係也是如此。

我跟對方認真交往時，很容易有不安全感，總是太過努力討好。我這麼做，往往不是出於善良或很想付出，恰恰相反。我想要獲得，所以一旦我愛上某人，去接近對方，就會開始做實驗，而我想左右實驗的結果。

不關心結果如何並不表示無情，也不表示你不在意，或者你拒絕付出自我。

事實上，你是比以往更用心實驗，因為你設法發掘知識，好讓你所愛的人受益，也造福全世界。而你既擁有這份知識，它終將為你帶來益處。

如果旁人（即使是你內心所愛之人）的渴望、需求或偏見佔據你大腦過多空間（那是你的心智財產），你的大腦空間將所剩無幾，無法真正成為你注定要成為的那個人——有潛力幫助他人的人。

要想成為慷慨給予的人，就要先將實驗結果置之度外，先放下旁人的需求。你是來自另一個宇宙、另一度空間的訪客，你來到這裡是為了解開宇宙給你的謎團，好好梳理撥弄這個謎團，直到破解其中的祕密。

這是你的任務，只有解開這道謎團，才能真正幫助人——你被送來這世界正是為了幫助他們。愛玩的小孩不怕旁人有何反應，才能夠看到世間的真實面貌：國王沒穿衣服、天空無邊無際。

好奇心＋熱情＝實驗的動機

《連線》（*Wired*）雜誌的前主編凱文．凱利（Kevin Kelly）曾對我說：「不要當最好，要當**唯一**！」

找到你自身的獨特觀點便能劃下分界線：一邊是有技能的人，另一邊是該領域前一％的佼佼者，而且最後將在那個領域大放異彩（無論是可觀的財富、獲得專業好評，或者在同行間備受尊崇）。我在多次冒險、卻全盤皆輸之後，總算領悟到這一點。對我來說，大好機會和成功就全靠它了。

接下來，我會介紹如何辨識你需要培養的微技能（microskills），好跳過排隊行列、快速致勝。我也會介紹數種技巧，好讓你將「一萬次實驗法則」付諸實行，這樣你便能飛快進步，超越其他埋頭苦練一萬小時的人。我舉例廣泛，包含各種不同的領域：投資、創業、寫作、喜劇等等。我會給你一個工具包，在你需要修理某樣東西或動手做新東西時，可以打開來用。

也許你需要調整談判策略，或想要更快上手，甚或必須說服別人、提高生產力、加強溝通技巧。

若想成為自己人生的科學家，你需要這些東西去執行實驗——多做實驗，你就不用排隊，可以快速致勝。

儘管其他人都想方設法抓住所謂「正常」的事物，你卻向不確定靠攏，唯有不確定才是人生的真諦，也是成功人生的真諦，這樣你就能帶著好奇心往前走，發現新事物，變得隨時都想學習。

好奇心加上念茲在茲的熱情，會讓你動手做實驗。實驗帶來獨一無二的發明和創新，從而產生更多知識，而這份知識對你來說可能具有獨特的意義。

獨特加上新知識幫助你攀升到你所在領域的前一%，而這個世界總在危機之後（是什麼危機並不重要，也許是個人的危機、九一一恐怖攻擊、金融危機，或者新冠肺炎疫情）被搞得雞飛狗跳，你會在某個時間點遇到重大的人生危機，因此，有一種能力會變得非常珍貴，那就是轉換興趣、甚至轉換生涯、快速成為世界頂尖人才的能力。

你的人生隨時會有新的熱情和興趣，你會在新的地方發現意義，讓你早晨一睜開眼睛就雀躍不已。但人們常說：「我真希望可以這麼做。」然後就準備去上班，每天都做同樣的事，再也不去想才剛萌芽的熱情。

我懂了。社會要我們去做待辦事項，要想對抗很難。當人們說：「你不能這麼做！」你很難開口說出：「我可以這麼做！」但是只要採用本書介紹的技巧，你會學著成為「唯二」，並且學著做實驗，在你熱中的領域內出人頭地。你將學會說：「我可以。」最後說出：「我做到了！」

第六章　培養微技能

沒有任何一項技能或技巧叫做「商業」、「創業」或「投資」，甚至包括「軟體開發」、「西洋棋」或「寫作」。

任何值得掌握的技能都是各種微技能的集合。而若想做好某件事，你就得練好這些微技能。

我在創業方面糟糕透頂。

在一家我自己開設並擔任執行長的公司裡，我會站在華爾街四十四號的大樓外面，打電話問祕書，走廊上是否有人。如果她說有，我會很快跑上樓，悄悄溜進辦公室，鎖上門，就算有人敲門，也要等我準備好了才開門。我非常害羞，幾乎不敢直視別人的眼睛。我媽以前都叫我「嚇人精」。

我算運氣好，有段時間只要跟網路沾上邊的東西都迅速發展，而我那時為名列《財星》雜誌五百大的公司架設網站，所以我不需要那麼多技巧。但是要真的擁有生意技巧或創業才能，你手上得有一組微技能。再說一次，沒有**哪一項**技巧叫做「商業技巧」。

商業上的微技能包括銷售、談判、創意發想、執行、領導能力、管理、行銷、賣掉公司、專案管理、後續追蹤、經營人脈、委派工作（這是管理的一項微技巧，但我把它獨立出來），可謂不勝枚舉。

你不需要掌握上述全部技能，也能打理好生意。而且，嫻熟某一項技巧不表示你其他方面的技巧也很厲害。你必須專心鑽研每一項微技能。

以我第一筆成功的生意來說，我在銷售、創意發想和執行方面滿不錯，但其他方面都很糟，也因為當時我對於微技能的概念一無所悉，不得不吃些苦頭，吸取教訓。

我為什麼很會賣東西？

我沒有實際銷售經驗，但在商用的全球資訊網（World Wide Web）剛起步時，我已經在為資訊網撰寫程式，這項重要資歷讓我在這行中贏得了一些名聲，而我也把接受程式設計師訓練的時間，借來運用在我做銷售時的新技能上，這就是從別處借時間。越來越多消費者使用網路讓我非常高興，而我能夠將這股興奮傳達給像是美國運通（American Express）之類的公司，讓他們知道，他們最後一定會透過網路經營全部業務。我具備熱情與說服力，還有充分的知識說服他們接受我對未來的看法。

「銷售」涉及許多微技能，但對未來有看法，以及讓別人相信這項看法的溝通能力，是兩大技巧。我也擅長為顧客想出新點子，而且懂得替他們開發網站。所以我有三件事做得不錯。

但我真的不知道怎麼管理員工，也不知道用何種標準方式替一家公司估價。比方說，我不曉得一間服務型公司（好比代理機構或顧問公司）的價格遠低於一間生產產品的公司（如軟體公司）。

關於服務型公司，有句話是這麼說的：「你全部的資產每晚都走出公司大門。」至於生產產品的公司，則有另一句話：「你睡覺時也在賺錢。」我以前不知道這兩種說法，但你應該猜得到哪一種公司值更多錢。

不明白這個道理讓我賠了好幾百萬美元。

舉例來說，美國運通的網站有上萬個頁面。所以我採用幾種不同的網站模板來寫軟體，一次建置好所有的網頁。但我沒告訴他們我寫了軟體，因為我不想讓他們知道，我花費的時間不如他們所想的那麼多。

也就是說，我為了提供一項價值二十五萬美元的服務，建置了一個類似 WordPress（一種自由開源軟體，可免費建立網站）的軟體，而這軟體的價值超過三十億美元。雖然我沒說我建置了 WordPress，但那是個開始，要是我有更厲害的商業技能，就可把它發揚光大了。

我搞砸了，卻不曉得是自己把它搞砸了。要是我用一萬個小時來創業或者做不同的業務，就得花上很長時間才能搞清楚這些基本概念。

事實上，因為我很快就賣掉這家公司，便以為自己天縱英明。我想再也沒什麼要學的了，要是我這回成功，在哪裡都可以成功！我真希望那時有人叫我坐下，對我說：「詹姆斯，你是運氣好！現在你需要學學其他十種技能了！」

如今回頭看這家公司，我明白要是當初我對經營人脈有多一些了解（例如：比起你直接認識的人，透過熟人引介的人更常提供可靠的機會），我就能建立大上許多的生意規模。要是我懂得管理人，要是我知道自己的公司哪一方面比較值錢、哪方面較不值錢，我就可以把公司經營得更加有聲有色。要是我更善於追蹤後續的業務，就能找到更多顧客，我就會做銷售提案，讓每個人都滿懷期待，但我不肯委派合適的人去好好追蹤後續情況，也老是被同行搶佔先機。

寫下你需要的微技能，開始進行實驗

若想掌握商業技巧，就得先知道有這些微技能，並且都能夠上手。商業技巧就是泛指一整組的微技能。

寫作不只是一種技巧，還涉及多種微技巧：說故事（本身就需要許多種微技巧）、語言遊戲、了解不同的文類、角色個性發展、編輯、解決文思枯竭的問題、學會推銷自己的作品等等。

玩西洋棋時，你得知道何謂開局、中局、殘局、開放性局面、封閉性局面、戰術、易位等等。

脫口秀不用說需要幽默，也要討人喜歡、在舞台上有存在感、懂得和群眾互動、能面對質問的人、面對沉默、善於運用聲音、會說故事、有架構和妙語、表演得維妙維肖等等。除了這些，還得應付社會層面的問題：跟安排節目的人接洽，跟其他喜劇演員、俱樂部老闆、經理溝通，也要處理喜劇這一行的其他專業部分。

不論你喜歡做什麼，拿出便條本，至少寫下十項那個領域必須好好掌握的微技能。有些專門技能一定要有。比方說，若你想當藝術家，很可能需要素描、透視、油畫、水彩等技巧。之後你大概得了解藝術史，才能夠想出辦法脫穎而出，展現自身的獨特。接著還有所謂的「部落技能」，有時也叫做「軟技能」，做起來很難，卻是在藝壇鵲起的必備能力：拓展人脈、讓別人了解你的藝術、銷售功力。

先把技能逐項寫下來，現在你得想出幾種實驗，學會這些技能。

如果你想學寫電腦程式，不妨先做個實驗：隨便下載某個工具，用它來跑會說「哈囉」的程式，然後把電腦螢幕上出現的「哈囉」改成「你好」。這就是一個實驗。

如果你想學會下廚，有個實驗滿好玩的：擬一張菜單，上面都是你想吃的古怪菜色（我得再提一次生魚捲餅）。請三五好友過來，讓他們從「菜單」上點幾樣食物，照做出來。嘿！你就是今晚的大廚。

我有個朋友一度想當電腦科學的教授，他有物理學博士學位。他去康乃爾大學應徵教職，因為女朋友就住在那附近。

他們回絕了他，因為他過去沒有教學經驗，而且不確定他是否了解電腦科學。「教電腦科學」或許便是他所缺乏的微技能，所以他做了個實驗學習教學技能。他在大學校園立了個告示牌，上面寫著：「晚間八點，電腦程式課。」他知道晚上八點的教室都沒人。第一天晚上，來了幾個小孩，他開始教他們。第二天來了更多個，之後越來越多。他學到了成為好老師的微技能。這群學生變成了他的追隨者，而他每次備課都更加嫻熟電腦科學的技能。

最後，康乃爾聘他為教授。

他的實驗成功了。

讓心帶領你，同時進行多種實驗

若**想掌握微技能，不妨從其他技能借來一點技巧**。比方說，要是你會講西班牙文，學義大利文就會輕鬆些。然後設計幾項「從做中學」的實驗，很快便能在自身領域內連升好幾級。

一九九九年時，我根本就不懂這些。我剛賣掉一家公司，心高氣傲，卻失去了初衷、願景，也失去了不斷實驗、保持好奇心與學習精神，以及嫻熟更多技能以邁向自我實現與健康愉快的需要。

那時我尚未開始鍛鍊自己的「可能性肌肉」（見第九章〈鍛鍊可能性肌肉〉）。想法就像其他事情一樣，無非是「肌肉」。要是你在床上躺兩星期，你猜怎麼著，你可能需要做物理治療才能再次走路。你必須每天做運動，重建腿部肌肉。想法（可能性肌肉）也是一樣，必須加以鍛鍊。如果你看不到面前有各種可能，一旦時機來臨，你也無從運用這些可能性。

但之後我又對投資大感興趣，時時刻刻想著要學會投資的每一件事。

只有對某件事念茲在茲，你才做得好。試想若其他條件相等，誰會變成更厲害的賽車手？是那個滿腦子都想著賽車的人，他會去研究歷史、在賽車跑道上試驗各種新點子、想方設法找到厲害的教練和訓練技巧、反覆觀看一流選手的影片、記住他們的獨門技巧。你可以向另一個領域借來時間，也可以做一系列實驗，測試自身的才能，使自己上升到另一個高度。

一旦我開始從這些面向去思考，生活就變得更有趣了。

我每天都會想：「今天應該做什麼實驗呢？」有些實驗尚未成形，有些實驗正在進行，也有些只需幾分鐘就好。任何時候，我大概都有五到十個實驗同時進行。

但是，要讓「一萬次實驗法則」帶領你在業界成為前一%或者更前面，你光做到這個還不夠。

你需要在人生當中發現各種想傾注熱情的事物，把這些事做好。

你得試著去做很多事，端視你的心領你走向何處。想嘗試投資嗎？去投資。想要寫一本書？動筆寫一本。想試著做生意？用不著徵求別人同意。有什麼點子，就想個方法做個測試，動手吧。

其他人對你的實驗有何反應，不過是資料，這些資料不足以反映你這個人。**科學家不太關心結果，而是利用實驗中獲得的數據，繼續做下一組實驗**。

> 堅持做傻瓜，那個單純就是不懂的人。
> 留在隊伍外面，別加入。

第七章　貴人、同儕、不如你的人

先是巴西柔術黑帶選手艾倫・高賽（Allan Goes）伸手想挖出法蘭克・夏姆洛克（Frank Shamrock）的眼珠，接著法蘭克抓住高賽一隻腿，用腋窩用力夾緊，讓高賽無法抽出腿，再用雙腿盤住高賽的膝關節，大力扭轉到高賽的腳踝脫臼為止。不過這場格鬥仍以平局收場。幾年後，法蘭克成為終極格鬥冠軍賽（Ultimate Fighting Championship，UFC）的中量級冠軍。

在暴力家庭中出生，被踢出那個家，之後在寄養照顧系統內進進出出，直到成年為止——這是通往監獄最快速的途徑，然後大部分人生都在牢裡度過。法蘭克・華雷斯（Frank Juarez）正一步步走向這種人生。

鮑伯・夏姆洛克（Bob Shamrock）明白這一點，想要幫忙。他和妻子無法生育，便開始透過寄養照顧系統接小孩到家裡住。鮑伯的教養方式很特別：讓孩子有事忙，一天下來很疲倦，讓他們對某件事引以為榮，而一旦孩子們找到感興趣的事，就讓他們花雙倍時間去做。

他叫寄養孩童砍木材、清理電影院、在社區內做一大堆零工。他也給每個小孩一件繡有「Shamrock」字樣的短外套。要對自己和自己的家庭感到光榮。

當中有個孩子叫做肯・克伯屈（Ken Kilpatrick），被納入夏姆洛克這個家庭時是十五歲，但已經多次進出矯正機關，以車為家，沒有人生方向。他一進他們家，鮑伯就看出肯喜愛運動，便建議肯不妨試著加入摔角校隊，但前提是平均成績達到C以上。肯很快就變成校內最會摔角的學生，並開始學拳擊和武術。

數年後，另一個曾待過十幾個寄養家庭的男孩，接觸到鮑伯，成為夏姆洛克家的一分子。法蘭克也超愛運動，尤其是肯正開始在傳授的那種武術。鮑伯是兩人的導師，教導他們心無旁騖的紀律和敬業態度。

肯教法蘭克一種武術，叫做「降服式格鬥」，就是在格鬥中控制你的對手，運用多種技巧讓對方投降，或「拍地求饒」。肯開了一家訓練中心，叫做「獅穴」，法蘭克成為他訓練的第一批學生。

這個男人收留了他們，兩人出於對他的敬意，都把姓改成夏姆洛克。

法蘭克奪得終極格鬥冠軍賽的中量級冠軍，之後又拿下四次冠軍才退休。很多人認為他是史上最厲害的終極格鬥冠軍得主，有能力迎戰其他級別的對手。

但他的格鬥生涯還沒結束，他長期擔任終極格鬥冠軍賽的播報員，是連鎖格鬥學校的老闆，也繼續訓練出一個又一個強大的格鬥選手。他在回饋自己所學。

我幾年前碰到法蘭克，他告訴我成為舉世最強格鬥選手的祕訣。他說，事實上，無論你想加入哪一行，這個祕訣都可以讓你頭角崢嶸，即：找到貴人、不如你的人、以及旗鼓相當的同儕。

貴人

尋找一位良師。對法蘭克來說，那是他的養父鮑伯，然後是他的養兄肯。

如果你沒有良師，就找一位虛擬良師，甚至許多位都行。每一位良師（虛擬也可以）或值得學習的人，都是你的「貴人」。我剛開始學投資時，真的很糟糕。當我坐下來好好讀遍有關巴菲特的書，才總算開始抓到一點投資的眉角。

你該如何找到良師？我有時候會收到一些年輕人的電子郵件，他們正在拓展職業生涯，可能是創業、投資、寫作或任何事，他們對我說：「我可以幫你做些什麼嗎？」

我的答案永遠都是：「不！」有時他們會回覆說：「好吧，反正問一下又沒什麼壞處。」

問一下確實有壞處。當你問某人：「你需要什麼？」就是在給對方出家庭作業。自從高中畢業後，我就不需要家庭作業了。某人要幫助我，我很感激，但是過均衡的人生已經夠難了，無須額外的家庭作業——像是思考自己需要什麼協助——來增加負擔。

每當我生命中有良師的時候，就會「承諾更多、給予更多」。我在大學時，滿心想著要當程式設計師。我對某位教授說他應該寫一本書，之後我上他的課時就虔誠地做筆記，還用他的語調重寫一遍，這樣他最後就有材料，用那堂課的主題去寫一本書。他成為我的第一位良師，不是因為我問問題，而是因為我給出去。

有陣子我想要精進投資，便寫信問很多人願不願意見我，給我一些指點。沒人想要給別人指點。於是我反其道而行，退一步思考，替這些人想出解決的辦法。有些人跟我碰面，有些人不見我。但我在這些人當中找到了幾位良師。我想在某個人生領域獲得成功時，就得找到真正的良師，以及虛擬的良師。

你要怎麼找到虛擬的良師？

有沒有人問過你：「如果你可以選一樣超能力，會選什麼？」有些人的答案很蠢，像是「力氣很大」或「飛行」。

我告訴你吧，如果有人看到你在飛，一定會把你射下來。而且你要那麼大的力氣做什麼？你經常有需要舉起一輛車嗎？

閱讀是最重要的超能力，能把你從凡夫俗子變成具有超能力的吸血鬼。

有人可能花上三十年光陰鑽研一項技藝，然後寫一本書跟大家分享這三十年來學到的一切。如果你仔細閱讀這本書、記筆記、再讀一遍、重複，就好像你的頭腦吸收了大師三十年的功力。

閱讀不只讓你吸收一段人生，而是吸收了千千萬萬個人生。若你讀一本書的方式是：細讀、做筆記、再讀一遍、重複，你就吸收了每一位作者的記憶，甚至一部分技能。閱讀讓每一位作者變成虛擬的良師，而且相信我，虛擬的良師有時甚至比現實生活裡的良師更好。

虛擬的良師永遠不會因為你超越他們、有所成就，就心生嫉恨。

不如你的人

我最愛引用愛因斯坦的一句話：「如果你無法簡單說明一件事，就表示你根本不懂。」技能比你少、需要你去教的人，就是「不如你的人」。若你無法讓初學者了解基本原理，說到底是你自己並未全盤理解。

每當我們試著想出一個古往今來最聰明的人，為什麼總是最先想到愛因斯坦？為什麼我們沒有想到他的同儕米榭・貝索（Michele Besso）和馬塞爾・格羅斯曼（Marcel

Grossmann）？讓愛因斯坦揚名立萬的相對論多虧有他們幫忙，兩人都是有天分的數學家和物理學家。

我沒有確切的答案。愛因斯坦頗具個人魅力，不管是因為頭髮還是怪異行徑，誰知道呢？但我猜想是這樣：儘管貝索與格羅斯曼都是了不起的數學家，很可能也協助愛因斯坦把支持理論的證據，進行最後的彙整。但是會問簡單的問題，把容易理解的「思想實驗」（thought experiments）描述出來，讓一般大眾了解這些非常複雜的理論，只有愛因斯坦一人。

愛因斯坦在想，要是他跑得跟一束光一樣快，會看到什麼？

是這種「用孩童也聽得懂的語言，去掌握大家都感興趣的事物」的能力，讓他從默默無聞的物理學者變成家喻戶曉的天才，從而獲得諾貝爾獎和多種成就。關於他的智力已發展出一套神話。

每當愛因斯坦檢視某項複雜的數學理論，一定把它濃縮成能夠向任何人說明的簡單要素。當他發現自己的信念被量子力學（物理學的分支學科，以極其複雜的數學原理為基礎）撼動時，他舉了個簡單卻有力的類比，一句話就表達了反對量子力學的立場：「上帝是不玩骰子的。」

一九二一至一九二七年，何塞．卡帕布蘭卡（José Capablanca）連續拿下世界西洋棋冠軍。一九二一年，他寫了一本叫做《西洋棋原理》（*Chess Fundamentals*）的書，傳授西洋棋的基本原則。那一年他首度奪下世界冠軍，為何不寫一本更有深度的書，針對助他登上冠軍寶座的幾場關鍵賽局進行分析？

他成為世界冠軍後，很快了解到重點是要常提醒自己基本概念。事實上，許多作者在西洋棋書籍中強調理解冗長複雜的變體有多重要，卡帕布蘭卡跟他們不同，他寫得很簡單，只談基本規則，所以他的書很容易讀。他甚至在稍後出的版本中表示，他寫這本書時，書很暢銷，而且「過了一百年仍然會一樣普及」。如今已經過了一世紀，我可以告訴你，他是對的。

長久成功的關鍵在於：**不斷提醒自己記住基本概念**。

法蘭克也在職業生涯中訓練出一批專業的綜合格鬥家，其中好幾位名列世界前十。他很擅長傳授技藝給下一代。

同儕

法蘭克在終極格鬥冠軍賽中崛起，成為綜合格鬥界的明日之星時，他會和同儕互打、彼此訓練、交換筆記，向他們學習。

他們一起變強。你和一群旗鼓相當的人在一起，經由競爭來學習，每個人在試圖勝過彼此、向對方下戰帖、或者讓對方佩服的過程中學到東西。你跟良師在一起時不能這麼做，他們早就知道你有哪些地方需要學習，但你可以跟同一個「圈子」裡的人做這些事。

想想歷史上出現過哪些「圈子」。一九七〇年代的矽谷，家釀電腦俱樂部（Homebrew Computer Club）聚集了一批人，都喜愛鑽研「微電腦」這項新科技。其中一些人還是青少年，有些剛成年不久，但他們都用電腦科學的語言來溝通，互相學習。賈伯斯和他的創業夥伴史蒂夫．沃茲尼克（Steve Wozniak）不過是其中兩名成員，據說連比爾．蓋茲和他的創業夥伴保羅．艾倫（Paul Allen）也數度參加聚會。

提出「垮掉的一代」口號的作家則形成另一個圈子，艾倫．金斯伯格（Allen Ginsberg）、傑克．凱魯亞克（Jack Kerouac）和威廉．柏洛茲（William S. Burroughs）因而聲名大噪。

一九五〇年代，賈斯珀．瓊斯（Jasper Johns）、勞勃．勞森伯格（Robert Rauschenberg）、約翰．凱吉（John Cage）與摩斯．康寧漢（Merce Cunningham）等人經常相聚，一道鑽研獨特的抽象表現主義（abstract expressionism）、實驗性音樂和新的舞蹈風格。

沒有一個人能夠只靠自己的力量，就躋身某領域的前一%。每個人都必須找到屬於自己的圈子。美國開國元老帕特里克．亨利（Patrick Henry）雖然說過「不自由，毋寧死」這句話，但假如沒有亞歷山大．漢彌爾頓（Alexander Hamilton）、詹姆斯．麥迪遜（James Madison）、喬治．華盛頓（George Washington）、約翰．亞當斯（John Adams）這些人組成的圈子，促成美國獨立戰爭，他也只能孤軍奮戰。而且同一個圈子的成員往往也會成為最難對付的勁敵，但這只不過是一部分挑戰而已——你必須跟上同儕的腳步，甚至在他們趕過你之前，超越他們。

人生不全然是競爭，但每個人都想茁壯昌盛。而我們透過比較，以了解自己處於哪個位階——無論我們投入哪個領域來學習，人生各個領域都有階級劃分——便是跟同樣（或相近）地位的人們相比，看誰的進步比較大。

第八章　你是誰？為什麼是你？為何是現在？

愛因斯坦在物理學界是徹頭徹尾的局外人。他差點沒拿到博士學位，沒有一所大學願意聘他擔任教授，頂多只能在瑞士專利局找到一份工作，職稱是第三級助理鑑定員。

當個局外人是這個世界送他的一份大禮。他沒有捲入大學裡的政治風暴——誰能夠發表研究報告、誰獲得終身教職、最厲害的那個班級由誰來教。他不受干擾地思考。

他開始思忖，跟一束光賽跑會是什麼情景：「光」看起來是什麼樣子？你看起來又是什麼樣子？在專利局任職四年後，他發表了第一篇有關狹義相對論的研究。他無須受到其他人的野心或問題干擾，得以盡情探索嘗試。這名局外人搖身一變，成了古往今來最偉大的物理學家。

局外人的身分迫使你另闢蹊徑，走到隊伍前面。你看到其他人在排隊，一開始會想為什麼不跟大家站在一起，他們顯得滿足，彼此交好，而且大夥兒並肩往終點前進。你有種感覺，如果你不是個局外人，或許可以加入隊伍，和這群志趣相投、目標一致的人結成朋友。

但這種情況不會發生。

我們置身於混亂的世界，自身的生涯、興趣、熱情和產業也在變化，誰付得起希望和夢想被擱置的代價，在緩慢移動的隊伍間站那麼久？

勇敢當個局外人

露西．鮑爾（Lucille Ball）十四歲時進入紐約的安德森—米爾頓戲劇學校（John Murray Anderson–Robert Milton School of Drama）就讀。她的老家在紐約鄉下，但一家人老是搬家，足跡遍及全美各地，包括蒙大拿州和紐澤西州的特倫頓（Trenton），都曾住過一段時間。戲劇學校裡的同學都嘲笑她的舉止像鄉巴佬，老師們也毫不留情地告訴她她看起來有多糟。

他們會對她說：「妳不會演戲，也不會跳舞、唱歌，連搞笑都不會。」除了母親和幾名同伴之外，她沒有朋友，退縮到自己的世界，變得太過內向安靜而無法表演。

其時正逢經濟大蕭條，她很想成功，於是開始接模特兒的工作來賺錢。她嘗試當歌舞女郎，卻因不會跳舞被炒魷魚。後來好不容易在幾部好萊塢的電影演一些小角色，但幾年下來都無法突破。

最後，她總算因一齣廣播劇《我最愛的老公》（*My Favorite Husband*）獲得注目，在戲中飾演一名家庭主婦。CBS廣播公司想翻拍成電視劇，她也想接演，但有個問題：她要求他們讓她現實生活中的丈夫德西．阿納茲（Desi Arnaz），來飾演丈夫一角。

他們拒絕這麼做，認為美國觀眾不會相信她這個角色會嫁給一個古巴人。

她早就習慣當一名局外人，而在娛樂圈力爭上游的這些年，也老是聽到別人說：「妳不能這麼做！」所以，她和阿納茲做了個小實驗。

他們倆表演了一齣輕鬆歌舞劇，後來改編成《我愛露西》（*I Love Lucy*）。試演很成功，CBS於是同意拍成電視劇。這部影集播了六季，其中四季穩居收視冠軍，在播出一百八十集後，最後一集的收視率也是第一，可說史無前例（後來只有另外兩部戲辦到了：《安迪．格里菲秀》〔*Andy Griffith Show*〕和《歡樂單身派對》〔Seinfeld〕）。

海明威（Ernest Hemingway）寫道，生命是一場流動的饗宴，總是在意料不到的地方出現轉折。每當我賣掉一家公司，想著我總算心想事成，人生再也不需要改進。恰恰便是在這些時刻，我就破產了。於是我必須再出發，去找到那場盛宴。

流動的盛宴說消失就消失，取而代之的是沒人在身邊支持你的感受，這個世界讓你覺得孤單又黑暗。就是在這些時刻，你必須能夠回答下列問題：你是誰？為什麼是你？為何是現在？這三個問題有助於開啟自我覺察，而你置身於這陌生的新環境，需要這份自我覺察才能夠成功。

我有時回顧過往，真希望自己早些知道這個道理。「嗯，一切都會有最好的結果」或「這是命中注定」這種話說起來容易，但在我遭到拒絕或沮喪時，滋味很不好受，我以為自己認識、了解的世界一下子滑入了黑暗中。

鮑爾從多年的經驗中得知，別仰賴他人的恩惠來實踐熱愛的事。她用一次次實驗打造了整個職業生涯。我們不知道她做了多少次實驗，但我們知道某些實驗創造出《我愛露西》，讓她飛上枝頭，從此不必再聽老師、父母、百老匯的製作人，甚至CBS廣播公司對她說：「妳不能這麼做！」

不管別人怎麼想，愛因斯坦完全不受影響，專心發揮創意，直到他的「思想實驗」產出足夠的成果呈現給世人。他沒有浪費心思在只想排斥他的人們身上，只是一心發展創意，最後終於能夠回答「為何是現在？」這個問題。

在企業中創造自己的願景

你的人生不只有一種目的。

在「古代」，二十世紀那時候，大家都跟著前人走一條狹窄的「正道」：求學、讀完大學、找工作、職位升遷、存錢、手上戴著金錶退休、死掉。

這是「社團主義」（corporatism）的哲學：找到你的路徑，沿著這條路不快不慢地往前開（不可換道、不要發生事故）、駛達終點，一路上對有關當局都要和顏悅色。

幾年前，我去參觀領英（LinkedIn）的辦公室，問他們有多少求職者搜尋零工經濟的工作，得到「非常少」這個答案。「但是每年都呈倍數成長。」二〇二〇年，美國創下史上最高的失業率，幾乎每一個我遇到的人都問我可否分享有關副業的妙點子。事實上，太多人問這個問題，我還做了個實驗。

除了每週推出三次、每次一至三小時的播客節目外，我決定再做一個迷你播客節目，叫做《副業星期五》（*Side Hustle Fridays*），每週五只播五分鐘，介紹一種另類的工作或副業，供感興趣的人參考。這是一項實驗，前面幾集只花了我半小時錄音，用來試水溫夠了。結果每一集都比前一集多出一倍流量，接著我為這個五分鐘的播客節目找到幾名贊助商。實驗成功了。

若你是大型企業的員工，你可以學到跟產業有關的寶貴經驗，像是如何管理一家大公司、優良管理與不當管理的分別，你也將了解在階級分明的環境中，怎麼做會成功（或失敗）。這些教訓並非無用，而且在你投身新領域時，這些技能或許能轉換成新技能，省下一些時間。但大部分時候，你根本沒機會在熱愛的事情上獲得成功，只能設法做好該做的事，一步步前進，但那是不一樣的。誠然你或許會成為「創業型員工」，在企業組織內發揮創業的精神，照亮你的生涯道路，遵照企業推許的價值大放異彩。但是，普通員工通常是齒輪的一部分，無法真正看到大局，總是分不清自身的「目的」與公司的「願景和目的」。員工因而喪失了創造自身願景的機會，無從發揮對世界的影響力。

再說一次，世上總是有例外。

有些企業是培育創新的溫床。陳士駿（Steve Chen）跟朋友查德·賀利（Chad Hurley）在某個晚宴上拍了幾支影片，想讓其他朋友也看看這些影片，這才意識到要把影片存檔，以共用的格式分享給每個人看，不太容易辦到。Flickr 是分享相片的網站（後由 Yahoo 奇摩收購），可將每張相片轉成標準格式，這樣大家只須將照片上傳至 Flickr，再把連結貼給朋友，就可分享相片了。那為何不弄一個分享影片的網站，用同樣的模式運作？

若某個點子用在某一領域很成功，大多也可套用在另一個領域（見第十章〈學習點子微積分〉）。

兩人於是創造出 YouTube，不到兩年就以十億六千五百萬美元的價格賣給 Google！

陳士駿並非在車庫內閉門造車。他運氣不錯，在彼得·泰爾（Peter Thiel）和馬斯克（Elon Musk）創辦的 PayPal 上班。

PayPal 讓不同裝置間的付款變得非常容易，不管你是用哪一款電腦或行動裝置，因而創造出數位支付的產業。這家公司不斷轉向，找到新的事業軸心，始終保有創業精神。幾名前員工（例如陳士駿）很快就挾 PayPal 之名異軍突起。不少傑出的人才在這家公司獲得培育，邁向成功。PayPal 的前員工還創辦了以下幾家公司：

- 領英由里德・霍夫曼（Reid Hoffman）創辦
- 美國最大的評論網站 Yelp 由羅素・西蒙斯（Russel Simmons）設立
- 娛樂網站 Reddit 由史帝夫・霍夫曼（Steve Huffman）和亞歷西斯・瓦尼安（Alexis Ohanian）設立
- 大數據分析公司 Palantir 由喬・朗思代爾（Joe Lonsdale）設立
- 社交網路平台 Yammer 由大衛・薩克思（David Sacks）開設

這些點子全都變成市值數十億美元的公司。這些創辦人是否因一起培養人脈而得益？這只是一部分的好處，但更大的好處在於他們見識到泰爾和馬斯克的眼光，最後離開 PayPal，闖出一片天。他們洞燭機先，看到了一件事：所有日常活動（分享影片、餐廳的評論、分享履歷、企業內部的溝通等等）很快都會躍上網路世界。

懂得好好利用這項遠見，並且從公司創辦人身上學到積極進取、靈活應變的手腕，這些「創業型員工」也成為創業家，除了從 PayPal 創辦人身上學到願景和目的，也創造出自己的願景。

企業本身往往和創業精神背道而馳。除非你不斷成長、學習、展現好奇心，最終超越了企業本身的願景（你加入公司時，便已接受了這項願景），否則你頂多固定領薪水，很難保證獲得別的東西；即使是薪水，現在也不能保證一定領得到。這就是為什麼如今表達一己的意見比以往更加重要，坦白說也比較有趣。那是撼動世界的聲音。

你的人生道路上散落著很多個「目的」，就像玩尋寶遊戲一樣有一大堆線索。贏的方式有很多種，但如果你沒有持續尋找線索，勇往直前，就不會贏，意即找到人生的目的。重複一次，**人生的目的不只一個**，而是很多個。而且**你不能等著「目的」上門，也不能光靠想就達成目的**。

我幾乎天天收到電子郵件，寄信者告訴我：「我十八歲了（或者二十七歲、六十一歲……）而我還沒有找到人生當中的目的。我是魯蛇嗎？」

當然不是。

你必須做一些事，你得嘗試。「做」大於「想」，而**實驗是動手做的最佳方式**。

找到人生目的的線索

要想找到人生的目的，痴迷是第一道線索。而「做」幫助你找出讓你念茲在茲的事物。

我跟數百位找到自身目的的人談過，其中包括維珍集團董事長布蘭森、名模泰拉・班克斯（Tyra Banks）、賽車高手丹妮卡・派翠克（Danica Patrick）、前世界西洋棋冠軍加里・卡斯帕洛夫（Garry Kasparov）、作家肯・福萊特（Ken Follett）與茱蒂・布倫（Judy Blume），乃至自我成長大師東尼・羅賓斯（Tony Robbins）與偉恩・戴爾（Wayne Dyer），還有許多其他人。

首先，這些人都有每日練習，幫助他們每天達成一%的進步。每日練習的基本元素是什麼呢？

- 身體：吃、動、睡。如果你臥病在床，那麼「目的」對你沒有好處。
- 情緒（情感）：少跟會帶來負面影響的人來往（就算是「朋友」或家人也一樣），多跟會互相關愛支持的人們相處。如果人際關係經常勾起你的憤怒、憎恨或緊張，「目的」就會把你丟在腦後。

- 心智：每天就像訓練肌肉一般鍛鍊創造力。若不能每天發揮創造力，它就會萎縮。但若你每天都拿出創意（只要每天在便條紙上寫下十個點子），創造力就會變得無比巨大。少了這股巨大的力量，你不可能有機會找到目的，然後超越前人的成就。找出你自己獨一無二的聲音，由它帶領你超越其他人。
- 心靈：向你無法控制的事物臣服。此處並非指祈禱或冥想（雖然兩者都可以），也不是指「天使」（好吧，的確不可能），而是你感覺到自己無法掌控每一件事。把全副心思放在能夠控制的事物上，面對無從控制的事物，不要感到焦慮、懊悔或憎恨。

我每天練習，替自己打好基礎，保持動力。少了這個，就沒辦法找到目的。要是我不這麼做，頂多一星期就會出現沮喪、憤怒、怨恨的念頭，甚至變成根深柢固的想法。

你不會希望自己這棟大廈傾頹。

其次，請記住你的人生目的不只一個。

我跟托尼．霍克（Tony Hawk）聊過，他蟬聯十二年國家滑板協會的冠軍，現已退休，正在為滑板玩家製作最棒的電玩遊戲。

我跟卡斯帕洛夫聊過，他曾十九度奪冠，至今仍在西洋棋界叱吒風雲。如今他利用這個平台在世界各地爭取人權。

我跟創業家雅莉安娜・哈芬登（Arianna Huffington）聊過，她想打造一個平台，分享比傳統報紙更準確有力的新聞。她創辦哈芬登郵報（Huffington Post），吸引了數千名作家在平台上分享想法和新聞，展開寫作生涯。這是一大創舉，利用網際網路擺脫傳統新聞來源的箝制。她證明了網際網路不見得只有匿名的酸民互相叫囂，也容得下正當合法的新聞。

她以三億一千五百萬美元的價格把哈芬登郵報賣給美國線上（AOL）。之後，她熱中於研究睡眠和健康的關係，寫了幾本有關睡眠的書，從而轉變身分進入新的組織 Thrive Global，致力於研究壓力和健康之間的關係。

我也問過第一流的女子賽車手派翠克，如何看待找到目的這件事，第一次她是以專業賽車手的身分回答，如今再以三十八歲退休的身分答覆。

她對我說了三個想法：

1. 問你自己：「我會如何規劃美好的一天？」
2. 你的手機裡有哪些照片？你拍攝最多張照片的那件事，可能包含了找出目的的線索。

3. 什麼事讓你感到活力充沛？列出過去這個月做過的事，再根據當下的快樂程度，評估每一項活動。

這些都是有助於找到目的的線索。容我再加一項：

4. 你十二到十五歲的時候，對什麼事最感興趣？這些興趣算起來有多少年了？

比方說，你還是青少年時喜歡打籃球，現在五十歲的你可能想在部落格上寫有關籃球的文章，或者設立一個夢幻籃球聯盟，抑或是當個籃球教練、寫一本書，或做一款打籃球穿的衣服，也可能為籃球隊創作音樂。

傑西．伊茨勒（Jesse Itzler）以饒舌歌手來說不太出色。他愛饒舌，但沒有一首歌大紅。

隨著時間過去，多年興趣也有了轉變。伊茨勒不再以饒舌歌手的身分創作音樂，轉而為運動隊伍創作在比賽期間使用的隊歌。

他打造了這項事業，再把公司賣掉。

接著他開了一次私人飛機，心想：「這個太棒了！應該讓更多人有辦法接觸到。」因此，他創立了Marquis Jet，人們向它購買服務，就能駕駛私人飛機，無須擁有一架噴射機。後來他把這家公司賣給NetJets，母公司是巴菲特經營的波克夏．海瑟威（Berkshire Hathaway）控股公司。

但過去的興趣不會消失。如今伊茨勒重回運動的懷抱。他不打籃球，但他是ＮＢＡ亞特蘭大老鷹隊的老闆，而且是在銀行戶頭歸零後才展開這個新生涯。

麥特．貝瑞（Matt Berry）是好萊塢的編劇，聽起來是相當夢幻的職業，但他覺得厭倦。

於是他辭掉工作、失去一切，也離了婚，沒了替好萊塢寫劇本的豐厚收入，開始寫每篇一百美元的部落格文章。

他寫什麼樣的部落格？夢幻運動遊戲（fantasy sports）[3]。他從小就愛運動，但不打算成為運動員，何況也已經有很多出色的運動專欄作家和評論員。

他在運動方面的興趣隨著年紀而改變，然後他愛上了夢幻運動遊戲，再把它跟電影劇本寫作技巧結合起來，很快累積了一大批死忠讀者。

現在他在ＥＳＰＮ（專播娛樂與體育節目的美國有線電視聯播網）主持夢幻運動節目。他給自己創造了一份工作。他是全世界首位夢幻運動節目主持人。我跟貝瑞走在街上時，常有人攔下我們說：「嘿，上星期夢幻運動給的提示還不賴，謝啦！」

他找到熱愛的事物，既賺到錢，也累積了名氣。他找到了「最少人進去的房間」，而且儘管他起步較晚，仍然達成了這些成就。

恐懼是指引方向的羅盤

另外，不妨練習「目的結合」，也就是把你喜愛的事結合在一塊。若你熱愛音樂，也愛運動，不妨考慮替運動隊伍創作音樂。看看前文伊莰勒的例子。

若你喜愛心理學，也愛經濟學，創造一個行為經濟學的領域，然後像丹尼爾．康納曼（Daniel Kahneman）那樣贏得諾貝爾獎，如何？

如果你喜愛媒體，也愛天文學，可仿效奈爾．德格拉斯．泰森（Neil deGrasse Tyson）寫書、錄製節目和播客，向大眾介紹說明天文學。

最後，想清楚自己不敢做哪些事。恐懼是指引方向的羅盤。

如果沒有恐懼，你知道自己只是在重複前人早已做過的事，也因此你憑直覺知道這是

3 編按：一種在北美、印度、中國風行已久的運動知識與策略競技的遊戲，廣大的運動迷、遊戲玩家和體育競技者聚集在這些創新平台上，可以根據自己對賽事及每個球員能力的了解，從真實球員名單中重新組建一支幻想球隊陣容，然後和平台上其他玩家進行社交互動和競技，贏家可以獲得獎金。

安全牌。

西洋棋選手接受訓練時，會仔細研究拿過世界冠軍的前輩怎麼下棋。參加西洋棋錦標賽的業餘好手，最初的十至二十步棋都是背棋譜，仿效世界冠軍的走法。他們下這幾步棋時不會害怕，而且很快就走完。

等到他們必須靠自己下棋，不再憑記憶去下，手就會開始發抖，心跳也稍微加快。如今他們置身於新領域。如果他是頂尖棋士，那麼他下棋的步法可能會改變一整套西洋棋的理論。如果他是業餘棋手，等到棋局結束，他仔細研究這盤棋時，這些新步法也是學習的起點。

唯有在年歲漸長，我們才會因自身的好奇心感到緊張。我們開始害怕別人怎麼想、害怕自己顯得愚蠢、或者害怕被揭穿冒牌貨的身分。

值得一提的是，**在你開始追尋熱情時，可能會很不快樂**。我相信貝瑞剛開始寫一篇一百美元的部落格文章時，也不太滿意；我相信伊茨勒寧願自己進軍饒舌歌市場時就一鳴驚人，我也相信派翠克輸過很多場比賽。沒有一種經驗是愉快的。

恐懼跟這一切有什麼關係？我也很怕從大樓上面跳下來，但並不表示我對跳樓有熱情。

你得問自己在害怕什麼。你害怕自己雖然熱愛某事，但是做不好？你害怕自己會在某一群人當中失去地位？

傾身向前擁抱這份恐懼。如果我寫了某篇東西，心中想著：「噢不，希望這篇刊登以後，大家不要恨我。」那就跟作品本身或我的寫作技巧並無關係，而是害怕影響到自己的人生。傾身擁抱它，就刊登出來吧。這就是實驗。

但你找到通往目的的線索時，要怎麼做？

1. 有哪幾種方式能讓你每天花更多時間在這個目的上，統統列出來。
2. 找到一群人，他們跟你一樣熱愛這個目的。彼此交換意見，學習，幫助他人，找到良師。
3. 跟目的有關的書盡量找來讀。讀它的歷史，讀厲害人物的傳記，讀當代的思潮。你要發現自己獨特的聲音，就得這麼做。
4. 進行「目的結合」。見第一二三頁。
5. 做。開始做一些事，讓你在那個目的領域中留下名號。

二〇〇二年，我開始熱中於投資，讀了許多書。之後我用電腦軟體模擬市場，然後我開始和其他人分享成果，他們加入我投資的行列。接下來，我著手撰寫有關投資的文章

（目的結合）。之後，我建立專屬於投資人的網站，再設立投資公司。當然，我學到了每一種投資策略，投資起來也更順利。

➜「適者」生存 out，「最健康快樂者」生存 in！

在我學到各種快速致勝的技巧時，我發現這些技巧也幫助我進入行為心理學家所謂的「健康快樂」（well-being）的狀態。

如果做好某件事不能滿足人的需求，使人心情愉悅，讓我們在這個星球短暫的一生中成為最好的人，成功又有什麼意義？

許多人仍然到處漂流，不曉得方向，不知道要去哪裡，彷彿是讓風向和天氣、或者別人的熱情，來決定他們自己的人生道路，如同在霧夜裡乘一艘船，你感到迷惘、膽戰心驚，不知目的地在何方。

每當我專心追求某個特定目標，例如金錢，就是我人生當中最不快樂的時候。社會告訴我這些目標會贏得報酬，包括朋友、愛人、奢侈品和快樂。我提供的意見和幫助會讓別人接納我，甚至非常喜歡我。但是走一條不同的路、追求熱愛的事物，躍升為前一％的佼佼者，卻是跳脫日常世界的規則。日常世界絕不允許你奮力一躍，所以每分每秒都試著說服你，這麼做是錯的。但是，人生只有一次，如果你一輩子都相信這些迷思會怎樣？如果是為你著想的人們把這些迷思灌輸給你，又會怎樣？永遠不要忘記，儘管他們是出於好心分享這些想法，也的確把這些迷思當做人生的準則，但**這些想法和迷思是存在於他們的內心，而非你的內心**。

你必須說清楚自己的意圖和主張，從別人手中奪回主導權，即使他們想要說服你彼此之間有共同的利益，而且出發點可能是好的。他們這樣做很正常。但我至今認識的人當中，沒有一個人一大早醒來會對自己說：「我今天就要讓詹姆斯．阿圖徹非常成功！」

不論我待在哪個團體或組織，都必須穿戴他們的面罩或服飾，才能獲得接納。我必須遵照他們的習俗和慣例。無論是穿西裝去企業上班，或在金融圈扮演聰明投資人的角色，或者受制於我本身的不安全感，一味迎合某些人，被他們牽著鼻子走，只因我不想失去他們，因為我實在害怕對方不喜歡「真正的我」。

「想要相處得好，就要配合對方的玩法」是嚴重的錯覺。唯有當你摘下面罩、脫掉服飾、扔掉社會放在你面前的鏡子，你才會赫然醒悟，也才能決定哪幾條道路是你今生注定踏上的道路。

在二〇一〇年之前九年，我把賺錢當成人生最重要的目標。我受夠了老是這麼不快樂，總是對自己不耐煩，總在害怕找不到人生的目的，沒有一件事做得好，找不到一群志同道合的人；我受夠了總是擔心破產。我一天比一天更沮喪，日益焦躁。

我希望我的點子行得通。我想要越來越進步。我看到別人感受到滿足，我也想要這份滿足。我想要過知足的生活，對身邊的人事物都感到愜意愉快，而非像無頭蒼蠅一般不斷追求。

基本上就是：我放棄了。我不玩了。投降！

我們經常把人生想成社會達爾文主義裡的一場大實驗：適者生存。即使到了今天，值此經濟蕭條、不景氣的時期，我們多半還是認為能夠避免破產、陷入絕望的那些人，就是最適合生存、最有價值的人，能夠開創下個世代的經濟榮景。

十多年前我處於人生的低谷，曾想著或許我一直是「弱者」。在那之前，我從小就認為自己有潛質、聰明，注定很快就能成功。

我會破產，把錢再賺回來，之後再破產，一次又一次，對此我實在不明白。

某次我獨自待在汽車旅館，那時我剛離婚，經濟衰退[4]的新聞在電視上如火如荼地播出，每一支股票都下跌。我房子沒了，打電話也沒有人回。又一次發生這種事。

這種事怎麼可能發生在我身上？我彷彿既是律師也是證人席上的證人，「你有罪！」我既是控方也是犯罪嫌疑人。我犯下軟弱的罪，犯下誤以為自己有能力的罪。我看到英俊有成就的億萬富豪在電視上高談闊論，試著解釋全球經濟給市井小民聽。我想要躋身這個行列，但我卻在一家汽車旅館內，孤單落寞。

我記得自己去睡覺，不是因為覺得疲倦，而是因為實在沒事可做，也沒有一件事讓我情緒高昂、意志清醒。我只想盡量睡久一點，把第二天打發掉。

但我睡不著。我不斷思考最適者生存是否有其他意涵。難道只表示不惜踐踏無力的弱者而獲得成功的人就是贏家嗎？

我想，當然不是。這麼說不太對。

假如框架是錯的，會怎麼樣？假如不是「最適者」生存，而是「最健康快樂者」生存，會怎麼樣？如果某人過著滿足的生活，也想清楚該怎麼做以保有這份滿足，還有什麼會讓他們失望？假如某人知道令人滿意的生活需要哪些事項，能逐一在方格上打勾，那麼他們有可能陷入絕望嗎？

所以我做了個實驗。每當我看到別人似乎比我「更快樂」（先不管「快樂」的定義），因而感到憎恨，或者因自己尚未成功而有罪惡感，對自己一再破產感到後悔時，我便提醒自己：社會達爾文主義並非如我過去所想的那樣殘忍無情，而且生存有賴於一個人不斷探求「健康快樂」。

---

4 譯注：應是指二〇〇七至二〇〇九年的美國經濟危機。

但健康快樂是什麼？

除了前文提到的每天要做練習，專心觀照身體、情緒、心智（創造力）與心靈健康之外，依我自身的經驗，以及長年採訪許多人的經驗，都顯示出健康快樂主要由三項因素組成。我尚未做過這方面的科學研究，但即使沒有研究數據，也可輕易看出下列因素足以幫助我們，不管在任何領域或產業都可快速致勝。

1. **社群**：找到一群志同道合、性格正面、樂見別人成功的人，和他們密切來往。每天結束前，問自己：「我做了什麼事滋養這份休戚與共的關係？」
2. **進步／精通**：學習曲線上揚，更能掌握自己熱愛的領域，會感到靜靜的喜悅。每天結束前，問自己：「我今天有什麼進步？我學到什麼新東西？我今天從事的活動有培養出新的興趣嗎？那是什麼？」
3. **自由**：沒人對你說什麼事不能做，毫不害怕地做真心想做的事。一旦你不只屬於某個階層組織，具備多種能力，你便能在不同的興趣和嗜好之間遊刃有餘，更常憑自己的意思下決定，不必聽別人的意見。你要如何衡量自由？經常問一個問題：「我今天所做的決定，有多少百分比是我自己的意思，而不光是主管、父母、老師、同儕等等這麼想而已？」

我每天都可以為自己選擇這三項因素，無須從誰的手上獲得，也沒有人能拿走它們。我可以透過自身的行動、信念、對待他人和自己的方式，來強化這三項因素。今生剩餘的每一天，勾選這些因素都是再度提醒我，我存活下來了。「最健康快樂者」得以生存。

第九章　鍛鍊可能性肌肉

我不喜歡那股難受的感覺。

但如果你拚盡身家性命去做某件事，有時候會成功，有時也會失敗。

我失敗的時候就很難受。當然，我會設法從挫敗中學習。當然，失敗鞭策你邁向成功。

但感覺真的很糟。

你找到屬於你的次文化，加入了具有同樣熱情的新團體。一旦你展開新的學習曲線，就會經歷多次失敗。

失敗分成兩種：

- 漏掉沒做：假如你連試都不肯試，你就失敗了。若諸般跡象都顯示你對這件事充滿熱情，更是如此。
- 接受委託去做：你登上舞台、寫了那本小說、駕駛那輛賽車、想出那個生意點子，而你輸了，或者別人不喜歡這份成果，抑或是你賠了錢或輸掉比賽。

只有漏掉沒做的失敗才是真正的失敗。因為要是你不去做，就不能從經驗中學習。把每一次經驗看成一位老師，它會教你很多堂課，在你接受這個領域的教育時，帶著你升級。

重申一次，在人生各面向培養做實驗的習慣，你一定會成就非凡。每一次實驗，你若不是增加知識，就是獲得成功，在這份興趣、熱情與生涯的階級組織中更進一步。

但是……

我投資自己時，一定多元化經營。避免壓力荷爾蒙上升最簡單的方式是：一旦你覺得自己就快被踢出團體，就投向另一個團體或階級組織的懷抱。這項福利只有這個時代的人才有，其他動物都沒有，歷史上其他時期的人也不曾擁有過。

一旦某件事進展情況對我不利，我就發展其他吸引我的興趣。

這麼做有很多好處。有時候另一項嗜好或工作會給你新的點子，可用在原先的工作上。它也可能刺激多巴胺分泌，讓你更有力量重新拾回過往的熱情。它能讓你的頭腦更清楚，使你恢復活力，養精蓄銳，運用新的創造力、新的點子和力量，來進行新的實驗。

時時保持快樂不太可能，但是盡可能獲得滿足和健康快樂的感受，是有可能的。

不斷改變的可能性

這個世界經常出現危機。當第二次世界大戰結束，士兵返家，一切都跟以前不同了。數十年的聯盟如今改變立場，世界會變成什麼樣子？看起來會是什麼模樣？這個世界充滿了可能，也充滿未知。

九一一恐怖攻擊之後，人們也有類似的感覺。會發生什麼事？只要有飛機從頭頂飛過，我們就不由得害怕，這是我們要面對的「新常態」嗎？

二〇〇八年的經濟危機又怎麼說？我們會因此害怕買房嗎？銀行體系會崩潰，以致我們無法從混亂中脫身嗎？

在經濟危機與疫情封城之後，這個世界似乎不是有了新常態，反而更像是有了新的不正常，或是我常說的「偉大的重設」，因為社會上太多事物開始產生變化，簡直像是暗示著我們就快回歸正常了。

我很害怕。一開始我對自己說，我是為了子女感到害怕。我希望他們在現狀中成長，這個正常的現狀很像我成長時的正常狀態。儘管「相互保證毀滅」的核彈攻擊疑雲仍像小時候那樣籠罩在我們頭上，卻像是永遠不會發生，而生活大致上仍算相當順利。

突然間我只想在這一切不確定當中，緊抓住確定的事物。我發現自己在推特上爭論。

推特上面有人對我不爽，我就會回應、再回應。我一定要讓大家都相信世界會沒事。一切都將回到正常。

但害怕的人是我。我深怕改變會帶來不良後果。我想要找到某樣東西，能夠讓我緊握在手中，讓我知道我們即將踏入的世界（在這個黑暗隧道的另一頭）跟先前的世界很像。

但即使我們每日生活在自認為「正常」的世界，它也不再是真正正常了。我們周遭各種可能一直在變動。從可能性的陰影底下去看世界的人很容易迷失，因為這些可能性不斷改變。其他人全都緊抱住樹木以免被龍捲風吹走，但挺身擁抱可能性的人會被龍捲風吸進去，學會飛翔，可能剛好降落在奇妙的奧茲國土地[5]上，那裡不光是任何事都有可能，也都做得到。

改變人生的便條本

我那時沒了工作和職涯，心情低落。我的人生需要新的可能，但我想不出什麼事是有可能的。

---

5 編按：Land of Oz，世界名著《綠野仙蹤》中的故事發生背景。

可能性的世界和想法的世界是一樣的。要是你環顧四周，只看到缺乏、不足或失敗，那麼你的可能性肌肉（我也稱它為創意肌肉）已經萎縮。

你得鍛鍊它。**如果你每天都鍛鍊創意肌肉，就會看到充滿可能性的世界**。

我稍早出版的書已經提過創意肌肉，但我打算在此針對這項概念進行前所未有的深刻剖析。我過去從未仔細說明自己如何在人生各方面運用創意肌肉（我現在稱它為「可能性肌肉」），以及我運用了什麼具體技巧，來產生新點子。現在我將細說分明。

二〇〇二年無疑是我人生中最黑暗沮喪的時期，感覺糟糕透頂。我在一家餐具用品店花十美元買了一箱服務生用的小便條本。我不曉得為什麼要買，可能是我喜歡便條本的設計，喜歡它放進口袋剛剛好，而且便宜。我覺得服務生用的便條本有股懷舊的氛圍，讓我想到用餐的人、奶昔、吐司上面的燻牛肉和黑咖啡。開會時，每個人都拿出昂貴但裡頭空白的高級義大利品牌筆記本，但我用的是便條本，樸實簡單。

我必須想清楚該拿人生怎麼辦。我的房子就要沒了，有兩個小孩要養。有時候我心情低落到一整天沒下床。我看到別人說話談笑、擁抱親吻時，常常想不通他們具備什麼樣的內在力量，情緒基礎建設做得多充分健全，竟然能夠憑空生出笑容來。

直到我買了這些便條本，擬出第一份清單，一切才改觀。

這份清單是：西洋棋、棋盤方格、撲克牌、西洋雙陸棋、黑白棋、紅心（撲克牌）、拼字遊戲、大富翁遊戲、骨牌。

隔天，我寫下另一份清單：每一種遊戲的要訣。第三天，我針對其他遊戲（橋牌、黑桃撲克牌、戰國風雲桌遊等等）寫下了目錄。

第四天，我把想寫的文章題目列出來。第五天，我把鼓舞過我的某些人的名字寫下來，打算跟他們見面。我寄出電子郵件給這些人，說：「我想請你喝杯咖啡。」但沒人回應。

他們為什麼要回？巴菲特（我的清單上有他）又不是整天坐在書桌前等著某人請他喝咖啡。

他才不會在收到我的電子郵件後，突然喊道：「喔老天！詹姆斯‧阿圖徹要請我喝咖啡！會議統統取消！」

所以我做了個實驗。我想出十個點子，來幫助他們改善業務。

然後我又寄出一封信，這次附上點子，在郵件裡說：「我讚賞你所做的事，這裡有十個點子，我認為可以改善你的生意（寫作、基金、任何領域）。」

我寄信給二十個人，其中三人回了信。（這些年來，我發現這就是回信的百分比。）其中一位是作家。我說：「我很喜愛你的作品。附上十個點子，我很想知道你的看法。」

僅此而已。我並未提出其他要求，只是真心覺得這些文章主題很適合他發揮。

結果作家吉姆・克瑞莫（Jim Cramer）沒有寫這些主題，反而回信給我說：「我覺得很棒！由你來寫，如何？」就這樣，我加入吉姆的公司，展開寫作生涯，之後伸展觸角為《華爾街日報》、《金融時報》寫文章，最後出版了超過二十本書。

我多了一個身分：作家。

另一位是避險基金經理人，也是個專業投資者。我寫下十個投資的點子，適合用來操作避險基金。他回信邀我共進午餐。之後我們又去吃晚餐，接著他拿錢出來挹注我的投資。

我多了專業投資人的身分。

有個人我沒回他。他寫電子郵件給我：「一起吃午餐吧。」十二年後，我才寄出回覆信說：「好。」彷彿我是立刻回了這封十二年前寄來的信。「但與其吃午餐，不如來上我的播客吧。」他真的來了。這是一次成功的三秒鐘實驗（回一封十二年前的電子郵件）。

每天寫出十個點子

但在我產生第一輪的想法，鍛鍊創意肌肉獲得初步成果之後，某件事發生了。

我不再沮喪。二〇〇二年六月起，我每天寫下十個點子，到了九月，我覺得自己的頭腦狀態奇佳，每天都迫不及待起床，去咖啡館，讀點東西，然後寫下自己的想法。

每天端出十個想法。

對生意的想法，對書或文章的想法，對其他人或其他生意的想法。要是我前一天想出一個不錯的生意點子，我就會寫出十個打造這門生意的想法。

接著我開始寫「給亞馬遜的十個想法」、「給 Google 的十個想法」，甚至「給線上問答網站 Quora 的十個想法」。

我會跟這幾家公司分享這些想法，不再擔心別人偷我的點子，我的想法**多得是**，儘管來偷！

因為有這些清單，也因為我針對這些公司發表了看法，還主動跟他們分享，我已經參觀過 Google（我做了一集「Google 閒談」）、領英（我花了一天時間提供諮詢）、臉書、Quora、住宿出租網站 Airbnb（我在他們二〇一六年的開幕茶會上演說）、推特等等，不勝枚舉。

世界豁然開朗。如今我環顧周遭，看到種種可能。若你也像這樣重新設定自己的頭腦，你會親眼看到未來的各種可能，多得不得了。

十八年後，我每天仍舊寫出十個點子。

新冠肺炎疫情延燒時，我寫了〈新冠肺炎危機結束後，適合新常態的十個商業點子〉

一文，還寫了〈給迪士尼＋（Disney＋，線上串流媒體平台）電視節目的十個想法〉，我把這些想法用電子郵件寄給迪士尼＋，剛好有個朋友在那裡工作。他把這份清單轉寄給朋友，而這個朋友再轉寄給他的朋友，然後我就跟迪士尼＋執行長通電話，跟他做簡報。

這就是一天寫出十個想法的神奇之處。你有源源不絕的想法，大可跟別人分享。而與他人分享創造出新的機會，培養了新人脈，一個個新世界就在你眼前展開。

早在二〇〇二年九月，我就明白了這個關鍵：想法是好是壞，我有無持續追蹤或者再度檢視這些想法，並不重要。

一天寫出十個想法是在重建大腦的迴路，產生大量多巴胺，每天早上都有成就感。接著，它鍛鍊我的創意肌肉。

腿部肌肉萎縮得非常快，創意肌肉也是一樣，不用就會退化。二〇〇二年初，我一度失去它，沒有半分創造力。我累壞了。

我把想法寫下來，藉此鍛鍊創意肌肉。我把大腦中所有的創意區塊逐一連接起來，強迫這些區塊用新的方式點亮。我可以感覺到大腦裡極少使用、早已蒙塵的區塊甦醒過來。

真的就像在做運動。

每天還沒寫到第七個點子，我就已經數過很多遍，看看到底寫了幾個，湊滿十個點子了嗎？我埋頭苦思才擠出最後三個。

都是好點子嗎？

不見得。應該說幾乎沒有。如果你一年寫出三千六百五十個想法，其中一百個或許有一點用處，其中幾個想法也許可用來牟利，或許有一個點子非常厲害。誰知道呢？

重點不在於經常想出好點子，而是在於鍛鍊。鍛鍊你的創意肌肉，你就會具備更多創意，比別人更懂得將想法付諸實行。你有種左右逢源的感覺，生活周遭有那麼多想法等著你去轉化、改進，或加以創造。

到了二〇〇二年九月，在我來到人生低谷之後的幾個月，我的大腦變得非常活躍。便條本、想法清單，加上鍛鍊可能性肌肉，已經將我拉出之前不曾有過的絕望低谷，而我從此不再感受到那股絕望（雖然有時相當接近）。

不到六個月，我寫了一篇文章，領到生平第一筆稿費。就在這個時期，我用某人的錢去投資，賺到了錢，也拿到酬勞。

歷經一年無業並且破產的生活，我失去了一切，心緒消沉，如今有了兩種職業生涯。

又過了一年，我設立避險基金，這是一門新生意。再過兩年，我開了一家新公司，結合我對寫作、投資、寫程式的興趣，成立半年後就轉手賣掉。

其後十八年，我賺的每一分錢全都來自於便條本。每一分錢。

如果你每一天都逼自己發揮創意，讓大腦自行重組迴路，把培養創造力放在第一順位，你也可以跟我一樣。

很多人都說：「喔，我有創意啊。有必要的話，我就會坐下來想出一個超棒的點子。」

事情不是這樣的。你得在雨落下之前先挖好溝渠。

每天寫出十個點子，連寫三個月，你會覺得自己像一台創意機器，感受到源源不絕的創意。因為你知道自己無論如何都能產出更多想法。

這麼做上一年，你會覺得自己像是核武等級的創意機器。你就算身無寸縷、一文不名地被扔到沙漠裡，也能夠想出法子賺到一百萬再回家。不論是做生意、寫書、電視節目、其他生意或其他人，我都提出過不少想法，也因此多次起死回生。這些想法幫助我拓展人脈，在毫無經驗的情況下展開新生涯，或在情勢完全失利的時刻，助我重振事業。

二〇一八年，有個朋友邀我一起吃午餐，但我來不及赴約，便改約吃晚餐。她正在設法思考如何進行投資，所以我們從幾個不同的面向一起腦力激盪，讓她利用自身的幾項技能，展開新的生涯。

我替她想出很多點子。我們聊了三個小時，才點食物來吃。幾個月後，我們結婚了。我愛她。這件事恰好證明了只要你敞開心胸接納新想法，願意接受任何結果，什麼事都有可能發生。

第十章　學習點子微積分

每天想十個點子不容易，這樣一年要有三千六百五十個點子。我用幾個技巧想出無數個點子，在此分享給大家。

點子相加

找個現有的點子，這點子本身想法不錯，廣受歡迎，很多人深信不疑。**幫這個想法添加新的創意**，通常加上去的越奇怪越好。

舉例來說，有種飲食方式叫原始人飲食法，鼓吹我們應該吃得像舊石器時代的原始人，因為消化系統演化了兩百萬年來適應這樣的飲食，而加工食品才出現了一百多年，在演化上只是一瞬間的事。就是因為吃了加工食品，才會造成肥胖、腎衰竭、糖尿病等各種毛病。要幫這點子增添些什麼呢？舊石器時代的人不在固定時間進食，不會一天吃三餐。所以不妨為這個你在網路上看到的飲食計畫加點新創意：摩登原始人飲食＋間歇性斷食

（兩百萬年前的人就是這麼吃的）＝不定時原始人飲食法——飲食時間不固定，經常變化食物種類。

譬如，有時一天吃一餐，有時一天吃四餐。餐餐都吃堅果、豆類、肉類、蔬菜，這樣就沒有哪一餐是「早餐」或「晚餐」。

再舉一個例子：二〇二〇年封城期間，我開始用視訊會議軟體遠距錄製播客。一開始我用 Zoom，有好幾億人也是在疫情期間開始用 Zoom。用起來還可以，但我之後才知道 Zoom 是給遠距上班的人開會用，不是用來錄製播客節目。於是我列出一份清單：「讓 Zoom 更好用的十個點子」。

我本來準備把這份清單寄給 Zoom。這樣做最糟的可能是什麼？Zoom 不理我；但至少我那天鍛鍊了創意肌肉。最理想的情況呢？Zoom 採用了我的想法，我就賺到遠端錄製播客的好軟體啦。還有，如果 Zoom 很喜歡我的想法，對我的聰明才智敬佩不已，說不定會請我去當顧問，那就更棒啦！就在我準備要寄出去時，又想到一個點子：很多視訊會議軟體都是「開源軟體」，表示我可以找個程式設計師，一起做一套視訊會議軟體，說不定還可加入幾個我想到的功能，和 Zoom 一較高下。

於是我列出幾個認識的程式設計師，看哪些人信得過、可以合作。我聯絡第一個人，他說：「我不行，但我認識一個有辦法的人。」我跟他介紹的那位程式設計師聊了五個小時，他很厲害！寫這篇文章的當下，我們正在寫這套新播客／視訊會議軟體，會把我列的十個點子納入，還準備開一家公司。好了，這點子最理想的結果是什麼？我開一家新的大公司，既可改良播客，還能上網主持視訊節目。最糟的狀況是？我得進一步微調這些創意，還可以……寄給 Zoom。誰知道呢？

這些創意後來成了一場實驗。做實驗對我來說沒有壞處，做起來也不難，而且可能好處多多。最糟的狀況是：我可以了解怎麼從頭開始做視訊軟體平台，這個技能搞不好有一天很實用呢！

點子刪減

對於看起來做不到的點子，刪去做不到的部分——減掉「不會」、「不能」的地方——**看看剩下來的部分可以怎麼做**。（減一分就是賺一分，相信我。）

我曾在一場會議中親眼見證點子刪減法的功效。那時我們在向一個很有錢的人做簡報，對方是某家公司的執行長，公司市值超過千億美元。我們一心想狠狠賺他一筆，滿腦子只想數鈔票。他倒也直接，講話很猛。他知道我們為了錢才找他，開口就說：「你們別想從我這裡拿到一毛錢。」

我方的代表很聰明，巧妙示範了「點子刪減法」。他說：「別談錢，我們不要你一毛錢，你大可放心。」然後又說：「假設我們不拿你一毛錢，你願不願意一起合作，我們可以和你的人一起研究，看看這產品是不是能拿來賣？」對方說：「當然好啊。」他何樂而不為？轉眼間我們就和一家上千億美元的公司談成合資事業了。而且沒錯，這位執行長最後還是拿錢出來投資這家公司。

再舉個例子：「我寫了一本書，但找不到地方出版。」

沒問題，自己出版就行了。

或者，「我想到一個App的點子，但不會寫程式。」

沒關係，上Freelancer.com，大概六百美元就能找到很不錯的程式設計師，把寫程式這件事外包出去。

再來，「我想設立一個服裝品牌，所有衣服都在美國生產，但找不到生產的廠商。」

不要緊，先在中國做樣品／設計，看產品有沒有市場，然後設法在美國生產。

不管是金錢、時間、人脈，一旦發現你需要什麼東西但目前沒有，先從有的地方做起，找出變通辦法或過渡期的權宜之計，證明創意可行，之後有必要再解決做不到的部分。

點子加乘

想個點子，證明它有效，接著改變一個條件，譬如地點，**然後想辦法複製你的成功經驗**。

舉例來說：假設我幫當地的牙醫設計廣告，效果很好，牙醫生意成長了一倍，就表示我做出成績了。

現在我可以全國走透透，告訴美國各地的牙醫：「你看，我幫這位牙醫做的廣告效果這麼好。給我多少錢，我現在就可以幫你做。」

總之，一樣的點子可以加乘好幾次，加乘出來的結果還能繼續加乘，譬如在線上研討會推銷「我這樣幫牙醫做廣告，大賺百萬」課程。

如果你有生意上的構想，在某些狀況下行得通，「點子加乘」可以推廣你的點子，擴大生意規模。

亞馬遜就是個好例子。他們先在網路上賣書，成功以後想：「網路可以賣書耶，還有什麼可以拿來賣？」後來，他們為了處理自己的生意建立了網路平台，發現其他公司也可共享，亞馬遜網路服務平台（Amazon Web Services，簡稱ＡＷＳ）雲端運算服務就此誕生，把點子加乘進一步發揚光大。

點子除法

把點子切割得小一點。

比如說，PayPal 一開始是讓人透過網頁瀏覽器，替網路購買的東西結帳（其實一開始是給 PalmPilot 掌上型電腦用的，但不妨跳過這段）。用網頁瀏覽器，就能幫所有網站上的商品付款？太廣泛了，得分割一下。先挑一個網站，eBay 吧。PayPal 專攻 eBay 之後，獨占了 eBay 的付款市場（甚至打敗 eBay 內部的付款功能），後來又擴展到其他市場，目前經手的交易橫跨整個網際網路，金額非常可觀。

我第一項事業是幫公司架網站，但要找家公司說服他們相信網站非架設不可，實在不容易。一開始我們專門幫唱片公司、電影公司服務，切割點子，專注在可掌控的利基市場。我們突然間就變成娛樂產業的大牌公司。再切一次，我們成為專攻「幫派饒舌樂」（gangster rap）的大牌網站公司。後來我們擴張業務，架設的網站也越來越大。

點子結合

兩個點子合而為一。

譬如：手機＋iPod＝iPhone。

或像懷克里夫．金（Wyclef Jean）一樣，他是流亡者（Fugees）樂團小有名氣的歌手。他把比吉斯（Bee Gees）合唱團名作〈Stayin’ Alive〉跟饒舌樂結合，創作出〈We Trying to Stay Alive〉這首歌，知道它會成為金曲。這首歌結合了史上最成功的迪斯可舞曲與嘻哈／雷鬼節奏，還請來流亡者另一位團員普瑞斯（Pras）獻聲。

史坦．威斯頓（Sten Weston）有個點子可以改變許多小男孩的一生，但卻做了個糟糕的決定。他知道小女生喜歡玩洋娃娃，但小男生卻沒有洋娃娃可以玩。小男生喜歡槍。他心想：「會動的娃娃加上戰爭會等於什麼？」於是他用軍人的樣子做娃娃，配上一把塑膠槍，稱之為「可動人偶」，取名「特種部隊」（G.I. Joe）。威斯頓拿給「孩之寶玩具公司」（Hasbro）看，孩之寶提出了讓他非常心動的提議：「我們可以讓你終身從營收裡抽成，或者給你七萬五千美元。」威斯頓想盡辦法討價還價，最後把金額提高到十萬美元，開開心心地回家，把十萬美元存進戶頭。從那以後，「特種部隊」商品賣出超過十億美元。威斯頓並沒有想出多麼新鮮出奇的玩意，只是把簡單的概念加以結合，卻做出了世上數百萬個小朋友愛不釋手的玩具。他認為就個人成就而言，這是最重要的事。

班克斯是超模，非常喜歡《美國偶像》（*American Idol*）這個選秀節目。她告訴我：「我超愛看這個節目。」超級名模＋《美國偶像》＝《美國名模生死鬥》（*American's Next*

Top Model）。現在這個節目已經變成數百萬美元的連鎖事業，在三十多國的電視台播出，拍攝到第二十五季。

羅伊・李奇登斯坦（Roy Lichtenstein）想當藝術家掙點名氣。他很會畫，但想在藝術界出名、有收入，還得再加把勁。他知名度不高，（勉強）算是專業畫家。浮沉了十年，幾乎快打退堂鼓，還開始在羅格斯大學（Rutgers University）教書（真想偷聽他上課都教了些什麼）。

後來，他找來通俗愛情漫畫，把畫面放大，用網點重製，加上泡泡對話框，填上自己設計的台詞。他的作品《傑作》（*Masterpiece*）在二〇一七年以一億六千萬美元售出。

就是這樣啦。把大家喜歡的點子，列出兩張清單，再結合。玩得開心點！

才能組合

有時候，好幾種技巧和才能可以結合在一起，形成「才能組合」或「職業組合」，打造更好的職業生涯，更快爬到階層的頂峰。

用「才能組合」來解釋傑奇・羅賓遜（Jackie Robinson）的成功好像有點怪，但先聽我說完。羅賓遜是棒球黑人聯盟中第一個進入美國職棒大聯盟的球員。棒球隊老闆間有一條不成文的規定：不能簽黑人聯盟的球員。儘管許多非裔美國人在第二次世界大戰中冒著生命危險，為祖國而戰，但種族隔離的觀念在體育運動界仍是根深柢固。棒球隊老闆也擔心要是跟黑人聯盟的球員簽約，可能有人在比賽時抗議，甚至導致暴力事件。羅賓遜是黑人聯盟裡表現最好的球員嗎？他算是數一數二，但另一位球員羅伊·坎帕內拉（Roy Campanella）整體表現更佳：經驗更豐富，擊出更多全壘打，打擊率更高等等。兩位球員都由布魯克林道奇隊（Brooklyn Dodgers）簽下，但羅賓遜第一個上場，創造了歷史，他的名字永遠和民權與運動界連結在一起。

為什麼他可以快速致勝？

道奇隊的總經理布蘭屈·李奇（Branch Rickey）不只想網羅好球員，而且想找一名經得起種族歧視壓力的球員，因為歧視肯定會降臨在這位球員和整個球隊身上。他直接問羅賓遜，羅賓遜大吃一驚，問了個很經典的問題：「你在找不敢還手的黑人球員嗎？」李奇回答：「我在找有種不還手的人。」

這就是公民抵抗（civil resistance）的概念，李奇一九四六年在體壇尋找的，就是有這種膽量的人。十年後，小馬丁·路德·金恩（Martin Luther King Jr.）推動民權運動，熱切倡導同樣的原則，也成功地推展開來。

羅賓遜在這方面經驗豐富，他服役時擔任軍官（非裔美國人入伍要成為軍官，本身就是一場戰鬥），早在羅莎．帕克斯（Rosa Parks）[6]之前，就拒絕聽話挪到公車後排去坐。軍方想在軍事法庭審判他，隨便給他扣上「公共場合醉酒」的帽子（羅賓遜不喝酒）。羅賓遜在全是白人的法官小組前替自己辯護，最後法官駁回指控。後來，小馬丁．路德．金恩再度遵循了他展現的這項技巧（無論是否出於偶然），在面對嚴重歧視時採用非暴力抵抗，從而全面推動了一九六〇年代中期通過的民權改革。

羅賓遜具備政治意識，能夠為更崇高的目標鍛鍊一己的情緒，當然也有過人的球技。這些能力創造出他的「才能組合」（他只在黑人聯盟打過一年球，坎帕內拉打了九年），讓他成為第一個進入美國職棒大聯盟的非裔美國人，在運動中促進了融合。

每天結合點子，鍛鍊創意肌肉

二〇一六年，我和朋友史高德住在一起。那時我剛開始另一項實驗，把所有家當放進手提包，放不下的東西全扔掉。我有時候會上 Airbnb 租幾天房，想知道當個真正的極簡主義者，像游牧民族一般遷徙，會是怎樣的生活。這段期間，我偶爾會去美國各地的朋友家待上幾天。

每隔幾日我就在 Airbnb 上換個住處，周遊了全球；我住過的房子數量大概世上無人能比。我寫了清單，列出 Airbnb 該怎麼改善服務，把這些點子告訴 Airbnb，因此他們邀我去 Airbnb Open 房東大會上演講。

然後有個叫做艾歷克斯．威廉斯（Alex Williams）的記者聽說了我的事，為《紐約時報》寫了篇文章。史蒂芬．史匹柏看到，叫員工聯絡我，想請我製作這段經歷的電視節目。之後會發生什麼事？我會拍電視節目嗎？大概不會，但我的確參加了好幾次會議，學到很多這一行的眉角。我不太執著非達成什麼結果不可，只是認真投入精力學習。這是一場實驗，無論結果如何，我參加的每一場會議、這場實驗帶來的經歷，都讓我收穫良多。

總之在這段時間，我在史高德家住了一陣子。那時他告訴我，他想幫忙解決一個問題。「執法單位沒有非致命性的武器。」他跟我說，如果警察看到可疑份子，大叫要他們把手舉高，對方若不服從，警察就沒有安全的武器可以制服他。

於是我們討論研究各種想法。我們十年前曾投資一項「聲波武器」，用在阿富汗戰爭，這種武器會向約三百公尺開外的人發射高度集中的聲波，立即讓人倒地，但站在他旁邊的人完全聽不到，聲波就是這麼集中。史高德決定打電話給這項武器的發明人。

---

6 編按：美國黑人民權行動主義者。一九五五年，她在公車上拒絕讓座給白人乘客，因此遭逮捕，引發聯合抵制蒙哥馬利公車運動。美國國會後來稱她為「現代民權運動之母」。

「他能做給執法單位用嗎？」我問史高德，他已經伸手拿電話了。史高德打給發明人，但對方認為行不通。「太近了，沒辦法開槍，」他說。傳送距離必須遠一點。

但他有個想法。

把傳統武器和舊式的牛仔套索結合起來。（點子結合！）

他發明了 BolaWrap 套索槍，可以用接近音速的速度，彈射出克維拉纖維（Kevlar steel cable）製成的鋼索，捆住壞人，讓他們無法動彈。如果想掙脫，鋼索會纏得更緊。套索槍不會讓人受傷，只會束縛壞人。

史高德、我，還有其他一些人，率先投資了這家新公司 Wrap Technologies，出資開發這項新工具。四年後，BolaWrap 獲許多警局採用，公司在股市價值逾兩億美元。史高德和我從來沒逮捕過壞人，但我們早早投資這個想法，並透過「六分鐘建立人脈」把所有適合人選集合起來（參見第十三章〈人人都該學的微技能〉），因此在警械行業中取得領先地位。

我們做了一場實驗，然後實驗成功了。現在這個創意每天都能挽救生命。

每天結合點子，天天鍛鍊創意肌肉。練習帶來進步，進步創造永恆。

構思好點子，財源滾滾來，還能助人為樂，這不是皆大歡喜嗎？

開始吧！

快速實驗創意組合，快速獲得進展

有人說要一萬小時的練習才能夠成為世上的佼佼者。

但是，二〇〇七年我結合財經媒體與社交媒體的概念，架設了 Stockpickr 網站，突然成為**唯**一結合這兩種概念的人。由於我獨一無二，很快找到了合作對象，讓網站用戶成長到數百萬，並且在幾個月內，可以用一千萬美元出售這家公司。

我不需要一萬小時。我需要鍛鍊創意肌肉，然後做實驗，看看點子能否實行。事實上，「社交＋財經新聞」在我的點子清單中名列第十項。我試過前面九項，沒一項是成功的（例如：「抽菸的人＋約會網站」）。

在單一件事上成為世界一流需要一萬小時，結合兩件事要成為世界一流需要一千小時，結合三件以上的事要成為世界一流只要一百小時。如果你快速實驗這些創意組合，判斷哪些方向會成功，可以進展得更快。

法國樂隊 Gotan Project 就是個例子，他們將電子節拍與探戈音樂結合，創造出一首首暢銷金曲。

或者史考特．亞當斯（Scott Adams），他畫的漫畫《呆伯特》（*Dilbert*）在全球廣受歡迎。他也有這種快速致勝的技巧，只是他不叫它「點子結合」，而是稱為「才能庫」。

他說：「我作畫技巧不是最棒的，但也畫得不錯；我不算最會搞笑，但還過得去；我並非最了解職場生活，但也略知一二。把這些結合在一塊，就是《呆伯特》。」

想法子集

把點子拆解，變成大集合中的小集合。

有人說：「執行最重要。」並不是。如果想不出點子，那執行也別談了。

我當初想到要幫熱中於投資的人設立一個社群網站，下一件事就是想出「這個網站網頁的十個點子」，然後是「每個網頁的十個點子」，然後是「執行的十種方法」。這些都是最初想法的子集合。在我想出最初的點子清單之後，不出兩個月就完成了網站的第一個版本。再過兩個月，網站正式成立；四個月後，我用幾百萬美元把網站賣給 TheStreet.com。

很多人不明白執行有分程度，執行有做得好的，也有做不好的。要執行得好，就要有可用來執行的妙點子。要有可以執行的好點子，就必須鍛鍊創意肌肉。有了構想，可以有很多方法來執行，就像打開神祕的第三隻眼，你能看到所有可能的未來，並選擇最好的一條路。怎麼知道哪一條路最好？你猜對了：透過實驗。

十個點子的範例

運用這些技巧不過三個月，我覺得整個大腦線路都重組了，就像用我前所未聞的維度和顏色來看世界。這世界充滿了各種可能，這些可能早就存在，只是我從未注意到。

以下是我想到的幾個範例：

- 十個我能加以改頭換面的舊點子（《綠野仙蹤》、華爾街等等）——類似點子結合
- 十個我想做的無厘頭發明（智慧馬桶等等）
- 十項馬上可以開始、商機無限的點子
- 十個笑話
- 十本我想寫的書（《選擇自己之另類教育指南》（The Choose Yourself Guide to an Alternative Education）等等）
- 給 Google、亞馬遜、推特以及你的十個商業創意
- 我可以介紹點子給他的十個人
- 十種與新冠肺炎有關的生意

- 十種與ＡＩ或大數據有關的生意
- 十種我想開的線上課程
- 十個播客或影片創意（《與老詹共進午餐》，拍我在 Skype 上和人吃飯聊天的影音播客）
- 十種我不需要請仲介的產業
- 十件別人奉為圭臬、但我不以為然的事（上大學、買房、投票、就醫）；或者這十項裡，我對任一項不同意的十項理由
- 十個把我的舊貼文集合起來、變成一本書的點子
- 給我妻子蘿賓（Robyn）的十種驚喜（其實應該有一百種。想這些可不容易！）
- 十個可以放進「我最常列出的十大點子」裡的點子
- 十個我想結交的人，還有怎麼聯絡他們（脫口秀天王查佩爾，我來了！Google 創辦人賴瑞・佩奇〔Larry Page〕，你也給我等著。）
- 我昨天學到的十件事
- 十件我今天可以做得更好的事——從頭到尾寫下所有例行步驟，盡量詳細一點，藉由改變一項步驟來改善整件事
- 我下一本書的十個章節

- 驚悚小說的十個點子
- 我節省時間的十種方法。譬如：不看電視、不喝酒、不打沒用的公務電話、不在白天下棋、不吃晚餐（我絕對不會餓死）、不進市中心和人見面喝咖啡，不因為某人對我做了X、Y、Z而花時間生氣，等等。
- 我從X身上學到的十件事，X可能是最近聊過天的人或者讀過的書。我為此撰寫過的主題有：披頭四樂團、滾石樂團主唱麥克．傑格（Mike Jagger）、賈伯斯、美國作家查爾斯．布考斯基（Charles Bukowski）、達賴喇嘛、超人、《蘋果橘子經濟學》（*Freakonomics*）等等。
- 關於男人，女人不懂的十件事。後來變成一百件事。我妻子說：「呃，我覺得你不應該把它貼出來。」
- 可以加進拙著《大學以外的四十種選擇》（*40 Alternatives to College*）的另外十種選擇
- 十件我想做得更好的事（然後為每一件事列出十種方法）
- 小時候有興趣、現在做起來會很好玩的十件事（比方說我一直想畫「奇異博士之子」漫畫；需要想出十個點子來策劃情節。）

鍛鍊創意肌肉是一種超能力。運用點子微積分，就算把你脫光光丟在沙漠，你也能夠回到文明世界，說不定還順便變成大富翁。

找出服務生常用的便條本，每天寫下十個點子吧！

第十一章　掌控局勢

我有一次很擔心生意合作對象不付錢，擔心到睡不著。那筆錢不是小數目，整件事在我腦海中盤旋不去。我決定和他們談談看，是否可以提早把錢給我。我破產過好幾次，所以對被騙錢這件事有創傷後壓力症候群，沒辦法正常思考。

還有一次，我和某人交往，但常常搞不清楚發生了什麼事。為什麼她一天到晚生我的氣？為什麼我老是要為自己辯解，雖然我根本不知道做錯了什麼？

這種時候，我都會打電話給朋友比爾·貝帝特（Bill Beteet），他當過律師、教人怎麼約會，還身兼喜劇演員。如果《呆伯特》的作者亞當斯認識比爾，一定會說比爾有很好的「才能庫」，因此他對說服這件事自有一番見解。他當律師幹得不錯，教人約會算是有一套，喜劇演得也不錯，這些能力加起來，使他成為獨一無二的說服大師。

或者用他的話來說，讓他懂得「掌控局勢」。

他解釋說，在任何重要的場合，局勢只掌握在一個人手上。如果你是喜劇演員，你就是舞台上的主角。假使掌握局勢的人從你變成觀眾——譬如說你笑話講到一半緊張起來，或拋出笑料的時候結結巴巴，之後沒有立刻打起精神補救——你就會無力挽回局勢，表演也到此完結。打官司的時候，如果局勢落到對方律師手上，你就會輸掉官司。邀人出去約會，如果丟失了局勢，你就落居下風，對方大概也不會再跟你出去了。

比爾有一次告訴我：「你不能一直想掌控局勢，否則身邊的人會產生『局勢疲乏』。重點是**知道有局勢存在，當你需要它時就可以掌控**。」

多年來，我會打電話給他討論各種狀況。我們徹底檢視情境，弄清楚局勢在誰手上，還有我該怎麼解決。有時候他的預測實在準到有點不真實。比如我和人吵架，他會說：「你可以做X看看，然後另一個人會做Y，接著你做Z，另一個人會做A或B，這時你先別說話，另一個人就會做C，你就可以做D了。」

我說：「也太具體了吧。」他說：「去做就對了。」不可思議的是，之後的每一步都跟他說的一模一樣。

後來，他和另一個我經常吐苦水的人布蘭登·林默（Brendon Lemon）合寫了一本關於掌控局勢的書，叫做《權力聖經》（*The Power Bible*），兩個人上我的播客聊這本書。也許是因為這些年來我多次運用比爾的方法，所以他們請我寫這本書的前言，我就趁機總結了從他倆身上學到的許多技巧。

以下是我的所學，這些技巧曾多次幫助我有驚無險度過難關。

當心對肯定的匱乏

如果以前經常肯定你的人不再肯定你，就會出現對肯定的匱乏。當對方不再肯定你，你就會感受到從憤怒到悲傷等等情緒，使你喪失對局勢的掌控力。所以，如果你陷入這些情緒，如果有人沒收了對你的肯定，你不知道對方是否會繼續跟你來往，到頭來你會對自身處境感到懷疑，甚至責備自己。通常當你們再度碰面，你就會落居下風。但只要**意識到**這件事，你就不致受到「肯定匱乏」的負面影響。

記住是誰掌握局勢

有些顯而易見的方法可隨時用來判斷是誰掌控局勢。首先想想看：你做了多少事來安撫這個你正在溝通的人？其次問自己：為了安撫這個人，你願意做到什麼程度？當你在別人掌握的局勢裡採取行動，你可能有股衝動，只想繼續採取對你不利的做法。全盤檢視一次。若你開始有些不自在，或覺得自己被推向極限，你一定是在面對他人掌控的局勢。停下來，沉著應對。要知道你的衝動只是生物為了安全才走的捷徑，無從證明他們是在命令你做「對你有利」的事。和別人談話時，養成自問自答的習慣，問這兩個問題：「是對方掌握了局勢嗎？」以及「我可以接受對方掌控局勢嗎？」去或留的決定取決於你的答案。倘若你真的決定留下，你也不容易受人擺佈。

給予獎賞，或者讓別人向你證明他自己

「證明」是一個提供資訊的過程，以贏得他人的信任或喜愛。大多數人會向握有更大權力者證明自己。小孩向父母證明自己，學生向老師證明自己，員工向老闆證明自己。

既然我們通常向在上位者證明自己，**假如你在談話中讓對方向你證明他自己，對方就會開始視你為上級**。因此，有個簡單的方法可以引導出這種反應：只要針對對方具備的專長或知識提出問題，對方自然會提供資訊，說明為何你該信任他們。

但你大概不想單刀直入地問，聽起來很失禮，而是用含蓄迂迴的口吻提出問題。**等到對方回答你，不管答案多令人刮目相看，都不要有太大反應**。這麼做會讓對方懷疑自己是否尚未通過「資格審查流程」，因而更努力向你證明他有多優秀。一旦你覺得已經建立好權力關係，便可改用溫煦和悅的態度說話。你變得溫暖，又給予肯定，對方就會忘記你一開始互動時冷冰冰的提問。

這一切並非以虛偽或不真誠的方式進行。某人初次對你揭露有關自身的事實，自然想

知道自己是否符合資格。「專家」和「業餘玩家」之間的不同在於專家較少犯不專業的錯誤，所以你希望能夠確認對方並非業餘人士。

至於不要有太大反應，感覺上是種技巧，但其實不是。無論何時，你都一直在接收不同來源的資訊。**如果在吸收、消化之前，過度重視某個來源的說法，就會被人牽著鼻子走。**因此你應該先初步理解這項資訊，再看看你的內心是否接受它。

行為塑造：希望對方擁有某項特質嗎？讚美他缺乏的特質

你是否發現每當你問某人：「你為什麼這麼生氣？」他們很快就變得惱怒，即使先前根本沒有生氣？這是因為他們下意識接受了你給他們貼上的標籤。

這個技巧叫做「行為塑造」，它的效果是雙向的。如果你看到某人在宴會上跟誰都不說話，猜想對方有社交焦慮，於是你表示欣賞他，說他的舉止使你心平氣和，對方就會變得鎮定平和。

這項武器有雙重用途，既可使你的盟友變得更強大，亦可削弱敵人的力量。如果你希望朋友展現某種行為，只要說你欣賞他現在表現得堅強、平靜、和善、有自信或快樂，就可以了。如果你想把敵人甩在後面，就叫他別再這麼激動、情緒化、多疑、好爭鬥、進行被動攻擊、焦躁等等。但記住你給對方貼的情緒標籤必須說得通，否則聽起來會像是嘲諷或不實在。

這招在一對多的時候也行得通。想像一下你對一群人發表演說，覺得觀眾不太起勁。你誇讚他們說是你這陣子遇到最專心聽講的觀眾，就算只是當笑話講也無妨。你猜怎麼著？大家笑過以後會變得比較專心。

開業務會議時，設法插進一句話：「我好高興你們都有發現X的好處。」

如果你願意，這招也可用在日常生活上。如果你覺得快要發火，提醒自己這不是你最生氣的一次。然後恭喜自己在眼前的風暴中找到些許平靜。如此一來，你可以**稍微抽離使你情緒起伏的事件本身，也就能夠退一步觀看全局**，自然而然削弱了事件的重要性，你便收回了暫時租給這些情緒的心智房產。

還須注意的是，這並非「肯定」帶來的簡化的好處。若只是憑理智說出肯定的話語，是沒有用的。重複同樣的話只會讓話語失去價值（任何事都一樣，一旦供應增加，需求不變，價值就下跌）。

建立社交部落

人最容易猜疑「他者」（other）。如果你和某些人打交道，要想贏得友好關係和地位，最有效的策略莫過於找到彼此共同的身分。我們稱之為「建立社交部落」。

若你意識到自己進入某個團體時地位較低，或很難和大家打成一片，**先找到共通點，再運用這項特質重新界定你的身分**。此一方式的優勢在於共通點不侷限於某事某物，就算是無意義的事物也可以。你運用這項策略時，先針對你們雙方確實具備的某種特質或經驗，發表聲明，再請他們確認或依從這項聲明，以建立身分認同。

「我們今天都碰到這種天氣。你沒淋溼嗎？」

「我覺得今年冬天很難熬。你也這樣覺得嗎？」

「討厭！公車到底什麼時候才來？」

這一招管用，因為人類對內群（in-group）或外群（out-group）的人，設了不同的規則，彼此心照不宣。然而，內群或外群是隨意劃分的。一旦你與某人建立起共有的身分，你便組成了社交部落。現在這個部落由你領導。

若你公開發表演說，可以問觀眾：「這裡有誰經歷過我剛才提到的情況？」此時觀眾席的兩側都有人舉手，你便可指向他們說：「你們等一下可以交換電話號碼。」大家就笑了，而一個社交部落就**由你**建立起來了。

上述例子（天氣、公車晚到）聽起來只是隨意寒暄，但你也可運用在意義重大的場合。當你向主管提出加薪的要求，問對方：「你剛開始上班時，最擔心什麼事？」若他回答：「養活家人。」你就可以說說目前的情況（「我懂你的意思，我小孩也快出生了。」），或提到過去任何有關的事（「我父親總是對我說：『下個月會更好。』但我明白對他來說有多辛苦。」）。現在你和上司在同一個部落裡。再說一次，這個部落是你組成的。

馮內果在其經典小說《貓的搖籃》（*Cat's Cradle*）中指出，很多部落並非真正的部落，他稱之為「假幫會」。打個比方，兩個人搭同一班飛機，發現都來自印地安那州，可能會興奮一下子，但他指出這並非真正的部落。有意思的是，馮內果曾在芝加哥大學攻讀人類學，所以才會挑戰人類需要部落的觀念，畢竟今日的部落早就脫離舊石器時代的面貌了。

然而，它們仍是部落。人置身於陌生環境時，只要發現彼此之間的共通點，不管多微小，都會感到興奮。假設一名男子和女子在冰島的宴會上碰面，得知兩人小時候都住在堪薩斯，自然會感到沿襲自舊石器時代的「我們 vs. 他們」的心態。別忽視假幫會的力量！分享點子也會發揮效果（見第十章〈學習點子微積分〉），是因為它形成了「點子部落」。如果我把有關X公司的十個點子告訴X公司商業開發部門的主管，而這些點子真的不錯，因為我的創意肌肉發育得很健全，那麼這名主管就知道我像族人一樣關心他的升遷，我們就處在同一個點子部落裡。

再說一次，很多人對於點子都有匱乏情結，覺得要是跟旁人分享，點子就會被偷，他們很可能再也想不出這樣的點子了。

但我們的價值並非在於想出點子，然後列成一張清單。我們在**發展部落時，人生的可能性增加了**（因此我常說「可能性肌肉」或許比「創意肌肉」更準確）。

我們發展部落時，不光是認識更多部落裡的人，而是大幅拓展了人生中可能存在的人脈，而且有可能找到種種方式結合不同的點子。

如果A剛來到你的部落，他認識二十個人，你認識二十個人，那麼他原先部落裡的二十人和你部落裡的二十人有四百種組合的可能，「嘿！我有認識的人可以幫你，我來介紹。」同樣的，如果他那邊的二十人有很多點子，而你部落裡的二十人有很多點子，就會產生幾千種有可能的點子組合。

若想擴大有各種可能性的世界，建立部落是相當有效的方式。許多人覺得被自己的生涯道路困住，彷彿被關在其中，無處可逃。但**開啟了有可能性的世界，就打開了充滿選擇的世界**。你手上的選擇越多，就越有可能選擇到那條同時照亮你的內心與大腦的生涯道路。

建立部落不只是隨意閒聊，你可以用這種方式為自己打造最美好的人生。

替某種行為貼上標籤

請你想像一下自己正在跟某人講話，問了一個問題，對方看著你，所以你知道他有聽到這個問題，但他卻不回答，接下去做剛才在做的事。你覺得尷尬，想挽回顏面，於是又問了一次。這次他根本裝作沒聽見，只是繼續做自己沒做完的事。你很可能又一次感受到各種情緒：氣憤、焦急、自卑，唯獨沒有感受到權力。你大概不覺得被人看見、聽到、理解。對方剛才運用了權力——刻意選擇沉默的權力，給你「對肯定的匱乏」。對方若不是在設法控制局勢，就是要改變局勢，這樣就不必回答你的問題。

你現在有機會透過給某種行為「貼標籤」，重新掌握局勢。你可以說：「你剛才改變話題了嗎？為什麼？」或者說：「你是因為某種原因才不回答這個問題嗎？」總之**反問對方，別讓對方脫身、或者改變話題或避答問題，也不要讓對方回答一個不同的問題**。一定要把它貼上標籤：「你剛才是回答了另一個問題嗎？我很樂意聊這個話題，但讓我們先繼續談原來的話題。」

為自己贏得敬重

其他人會在不同程度上帶你偏離自身的道路，有時候是出於習慣，並無惡意，只不過當你的美好人生影響到他們的利益，就會有這種結果。

諷刺的是，你必須有能力對機會（即使是好機會）說不，才能夠活得與眾不同。若你不尊重自己，就很難開口說「不」，因為順從旁人的要求比較容易。你要有足夠的內在權威，才有辦法說不，甚至在拒絕以後堅持立場。若你不尊重自己，很難做到這兩件事。你還需要知道何時該說「不」。

問問自己：面對每一次談話之後所產生的不同結果，你的底線在哪？盡可能先想清楚自己願意忍受什麼，不願意忍受什麼。

要學會說不，不妨試試這個快速的準則，那就是問自己：「如果我答應這件事，我會學到新東西嗎？」若你太在意別人的看法，或只是為了錢而答應，那麼這些並非好理由。你面對上述情況時，必須說不，或者坦白告訴對方，你若答應會有哪些問題。大家都尊重深思熟慮後的「不」，遠勝於情急之下脫口而出的「好」。

了解你的自卑敍事

自卑是對自身的存在有罪惡感，會引發焦慮，老是擔心自己在場會讓別人不高興。這是因為你強烈認定沒人喜歡你，而且你不配獲得別人的嘉許。這種自我陳述手法強化了自卑感，所以你結交有同樣故事的朋友，常用自我對話來攻擊自己。問自己：我是如何讓自己陷入容易令我感到自慚形穢的場合的？對我來說，這是常見的模式嗎？

同時提醒自己：你此刻在這裡並非全憑好運，是你爭取到的權利。即使你站在台上演說，群眾看起來似乎提不起興趣（好比無法掌握局勢），提醒自己，你之所以在台上是因為你的經驗比在場任何人還要豐富，所以你才會在這裡。先準備好一個故事，來對抗你充滿否定的自我對話，來說給你自己和別人聽。

頭腦清晰地掌握局勢

無論是談判或爭論，或者其他必須分出勝負的情況，誰掌握局勢誰就是贏家。若你面臨這類情況，頭腦要清楚，情緒要平穩，這樣才能夠繼續掌控局勢。當你處於這些情況，**每一步都必須經過計算，不帶任何感情**。這並不是說你在重要的談話中完全不會有情緒，而是指當你發現自己的情緒開始有波動，便採取行動改變局勢。最簡單的做法是休息片刻，或暫時中斷談判或對話——在某些情況下，若你無法預先擬定奪回主導權的策略，就得永遠放棄磋商或對談。倘若你一定要繼續談，那麼這場談判已經輸了——你只是在簽訂割地賠款的條約而已。

打斷目前的模式

當局勢發生變化，你既置身其中，情緒通常會產生變化。若你想繼續掌握局勢，或奪回主導權，你就得表現得無動於衷。這是因為新局面傳遞了某種情緒，一旦你做出反應，就會被困在其中，而且還增強了它的氣場。我們越常回應某一局勢，就滋長更多情緒，進而採取更多行動，讓這個困住你的局勢變強。

如果你感受到局勢的變化，打斷這個模式。比如說，你在法庭上辯論，突然對造律師似乎開始贏得陪審團的認同，試試新的策略。假設你的當事人有罪，你不妨說：「假設他有罪，也就表示你們大概在想X、Y、Z這三件事。」接著質疑這三項假設。進行談判時，還有一個打斷目前模式的妙招：保持沉默。說出你要什麼，就閉口不言。對方因靜默而感到彆扭，便會立刻開口說話來填補空白，你便可從這些話裡面獲得寶貴的資訊，還能重新掌握局勢。

自己選擇局勢，否則就落入別人選擇的局勢

這個世界喜歡逼迫你接受局勢。其實，早在你出生前，外在世界已經決定了你大部分的人生。世界希望**你**對**它**是有價值的。由於這個緣故，你得策劃局勢，清楚知道自己希望在人生中實現哪些局勢。想一想：你希望如何行動、你想過什麼樣的人生、你想擁有什麼樣的觀點。再想想你希望獲得什麼樣的待遇。現在做出決定，讓它成為你的局勢。不僅如此，還要把它寫下來，給它一個名字。你必須付諸實行，否則就得任憑這個世界宰制。

把力氣花在值得的地方

很多人不明白局勢是怎麼運作的，誤以為奪回主導權需要說服對方接受不同的觀點。大錯特錯。其實，渴望說服他人是因為你心底相信對方比自己更有價值。你越想說服另一個人，越是提升對方在此一局面的價值。你花越多力氣說服另一個人，就越是向對方有利的局面靠攏。你反而應該只在有必要的時候，或需要他人贊同時，才進行說服。比如說，

在推特上和不知名姓的陌生人爭論時，永遠別去說服對方。

對方說不也沒關係，只要給出好理由

多數人不知道自己為何拒絕某件事。掌握局勢有其危險，因為每一次互動都會有一方順從或有條件地投降。一味掌握局勢並非好事，也絕非與他人互動的好方式。相反的，你得願意接受別人對你說不，只要對方肯花力氣說服你他為何拒絕。要想從對方口中得到說法，只消問他：「你可以仔細說一遍理由給我聽嗎？」

無論是談判、銷售、表演或其他情況，凡有不同個體間的界線要解決，便涉及局勢。你向老闆請求加薪時，是你握有局勢，還是老闆？你在重要會議上發表演說，是你掌握了場面，還是聽眾？你開口約人出去，是你握有局勢，還是說你心儀的對象根本不睬你，即使你信誓旦旦給她一輩子的幸福？明白掌握局勢的基本道理，你就能在面臨重要情況時退一步思考，問：誰掌控了局面？如果不是我，該如何奪回主導權？現在，我要怎麼做才有可能獲得好結果，而不是等著結局降臨在我身上？

第十二章　這個想法需要很多事來促成嗎？（如何確定這是個好點子）

在疫情隔離期間，我經常在一天開始時想著：我可以做好多好多事！有那麼多的可能！而在一天快結束時，我會問自己：「這一天到哪裡去了？為什麼我一件事也沒做？為什麼我無法決定做哪件事最有利？」

空間如此廣大但缺乏計畫，我常發現自己陷入無聲的絕望，明知這一天是上天賜給我的禮物，卻想不出怎麼打開這份禮物。但這種事在人生當中屢見不鮮，每當我們有一些想法，卻因想法太多，漫無邊際，就很難想出往前邁進的法子。

舉個例子，有個朋友對我說：「我打算寫一本書。我必須趕快賺到錢，否則就要破產了。」

「嗯，」我回答，「你有什麼想法？」

他描述那本書的內容，是關於某項頗為實用的主題，人們可運用它來改善人生，而他恰好具備數種技巧（姑且叫它才能組合），讓這本書有看頭。

唯一的問題：他必須很快賺到錢。

「這個想法不好，」我說，「不要做。」於是我向他說明我為何這麼想，也告訴他該去做什麼。我運用了一項技巧，對我來說一直都很管用。在決定要不要做某件事的時候，問：「**需要多少件事的促成，它才能成為一個好點子？**」合起來促成這個點子的幾件事，就是「合謀數目」（conspiracy number）。

比方說，你想寫一本書，靠它賺一大筆錢，但你從來沒有寫過書，那麼：

1. 你必須寫出這本書。
2. 必須有合適的經紀人喜歡這本書。
3. 必須有出版社喜歡這本書，願意購買版權。
4. 必須有行銷團隊向書店熱情推銷這本書。
5. 必須有書店願意把它放在架上陳列。
6. 最後，必須有一票人買這本書。

所以，若你的目標是金錢，那麼你想靠這一招致勝，必須湊齊六件事。太多了！

就算你打算自費出版，但要快速賺進大筆金錢，依然需要好幾件事配合。這個「合謀數目」太大了。

1. 你必須寫出這本書。
2. 你必須有一個好用的社群媒體平台來賣這本書。（若無好用的社群媒體平台，自費出版的書很少賣出很多本。）
3. 自費出版的書定價較為低廉，所以即使不用支付出版社與書店的費用，每一本書賺的錢還是一樣少。
4. 再說一次，你大概還是得賣出十萬本才賺得到錢。

我鼓勵這位朋友「像大師一樣思考」。《像大師一樣思考》（*Think Like a Grandmaster*）是世上數一數二的西洋棋士亞歷山大・科托夫（Alexander Kotov）於一九七一年出版的西洋棋書籍。你與人對弈西洋棋時，隨時面臨多種選擇，你必須想出下一步棋怎麼走。很多人一開始會先找出看似最高明的下法，接著檢視對手可能會針對這一步做出的數種回應，再來是他們該如何針對這些下法予以回應，不斷推演下去，往兔子洞（某一著棋）裡越鑽越深，甚至不曾細想第一步可能有其他種下法。科托夫建議採取另一種下法，據他說世上的一流棋手都用這種方法：**先追求廣度，而非深度**。

首先，在慎重思考任何一著棋之前，先在腦子裡列出六到十種下法。接著在確認過各種可能的下法之後，選定一種下法，全面檢視對手可能有的選擇，再決定下法。依此類推。先把全部選項列出來，再進行思考。因為一旦你列出各種選項，很可能一眼就看出正確的走法。倘若你一開始就選定某個走法，一路走下去，就可能錯過明顯的跡象，虛擲寶貴的時間。

所以我對這位滿懷寫作抱負的朋友說，先將可能催生這個點子（很快賺到錢）的選項統統列出來，包括書籍出版，以及其他相關考量。再說一次，你要追求的是廣度。（參見第十九章〈輻條和車輪：任何東西都可以變成錢〉）。我們想到的點子如下：

- 一本書
- 一個播客節目
- 一本自費出版的書
- 公開演說
- （當教練）指導他人
- 線上課程
- 線上通訊稿

- 繳費才能加入的臉書社團
- YouTube 影片

我們逐一檢視，著手列出每一個選項的合課數目。最後我們選定的是線上課程；它的合課數目是多少？不光是做出課程，還能夠靠它賺到很多錢。

1. 我朋友得先製作課程：基本上是把書裡的各個篇章做成教學影片，加上一些練習。他可以利用已有的網路平台來製作課程，同時處理信用卡、顧客服務和退款等等事宜。
2. 如果他的定價夠高，便可找個經銷夥伴，在他們的平台上販售，五五拆帳。比方說，某人有一長串通訊錄名單，或經營一個滿多人訂閱的 YouTube 頻道，他可以跟這些人談，看對方是否樂意推薦他的課程。
3. 有市場價值的線上課程可抬高定價至數千美元。舉個例子，我另外一個朋友開了一門課，教人如何獲得媒體報導，索價七百美元。她每年大概賣出一千堂課，收入七十萬美元。我便建議這位朋友把價格訂為五百美元（雖然需要測試）。現在他只要賣出兩百堂課，就能賺到十萬美元。

我朋友若想實現他的點子，這個選項的合謀數目是三。我們逐一計算每個選項的合謀數目，線上課程這個選項的數字最小，最可能在一年內賺進十萬美元，也有不少潛在利益。

此外，它幾乎可算是一項實驗，因為線上課程雖然需要花一些錢來製作（他得請人編輯影片，還得有時間製作課程內容），但損失可說是極微，甚至就算實驗「失敗」（他開出這個售價，卻未賣出足夠的量），他還可視市場情況重新調整模式，將影片中的想法放進一本書、設立一個 YouTube 頻道、或付費的臉書社團，或做成預告片來宣傳「教練指導」或「公開演說」。一如所有的好實驗，這項實驗不會有什麼損失，卻可能帶來很大的好處。而且即使以「失敗」告終，仍可學到許多——他將學會打造線上課程、製作影片、運用聯盟行銷方式，同時繼續思考這份課程內容是否可套用在別的格式上，或有其他用途。

他大概一個月後做出這個線上課程，甚至還寫出一本迷你版本的書，免費送給訂閱用戶看。他找到好幾個人，這些人本身有大型社群平台，喜歡他的理念，也願意把他的產品推薦給讀者。

他製作出這個線上課程，頭幾個月就賺了二十萬美元。

用合謀數目找出最佳方案

所以在思考有哪些點子可以用、如何採取步驟執行時，你便可運用這個方法來確認風險，排出優先順序，最後鎖定那個帶來最大好處、損失最小的方案。在你做決定的時候：

- 把可能性統統列出來。
- 用「合謀數目」來分析每一個選擇。再說一次，總共要有幾件事來幫助你達成你所追求的目標？
- 選擇合謀數目最小的那個選項。數字盡可能小一點，要讓利益和損失的比率看來跟一次實驗一樣低。

第十三章　人人都該學的微技能

先前我已說過，搞清楚自己該學習哪些有助快速致勝的微技能，是很聰明的做法。假如你不知道自己缺乏哪些知識或技能，就不可能知道自己需要了解哪些東西。每個人都有自己的強項和弱點，但結果發現原來大家有共通的弱點。這些弱點多半跟溝通或生產力有關。我發現下列技巧經由學習或培養，能幫助我每天增進一％的微技能。

勸告的技巧

沒人喜歡別人教他怎麼做。一個也沒有。所以我不會對別人說要做什麼。我給對方決定的自由。我把這個叫做「勸告的技巧」，這項技巧幫助我從上百種情況中脫困，舉凡感情關係、身為父親的角色、把公司賣掉，都很管用。

如果你有某個想法、觀點、技能或天分，想要付諸實現，獲得成功，你必須能夠讓別人了解。接下來你就進入談判階段。某人想跟你合作，但得先確定風險有多大。協商談判是那種有人認為他們天生就會的事，也有人覺得自己天生不擅長。但你怎麼想並不重要，此處提到的勸告技巧可以讓你成為談判好手。

我一向認為自己很會談判。現在回頭看，我其實很糟，可能是地球上最差的那一個。這個簡單的想法替我賺進很多錢，還不僅如此，我也得以讓看守嚴格的守門人放我通關，同時防止某些人利用我的聲勢上位。

有時候我會面臨風險極高的情況，內心緊張，不太知道要怎麼跟對方談。

我可能是在談薪水，或打算賣掉公司（或進行任何形式的銷售），或打算開口約某人出去，或跟某個打算為某事向我道歉的朋友談（但我在想是否該放棄這段友誼），甚至在我不同意子女做某件事時，跟他們談。所以我把決定權外包，由對方做決定。這是一種快速致勝的形式，屢試不爽，每次的結果都比我期望的更好。

比方說，有人來找你，表示想要買你的公司：「是這樣的，我們想買下你的公司，你想賣多少？」

你回答道：「我一心一意只想把這家公司打造成一流企業，根本不清楚公司的市值是多少。而且有貴公司加入合夥，我預計未來會有十倍的成長。但在這種事情上，你們才是大師，做過無數次交易。我只懂得一點皮毛而已。」接著你問：「在估算公司價值上，你們會給我什麼樣的忠告？」

看起來好像你給對方太多權力，其實恰好相反。你讓他們站在你這邊，現在你們身處於同一部落，你完全承認他們在部落裡的地位。藉由詢問對方的意見，你承認他們在這項決策上享有優先權。

我向日後的頂頭上司、甚至子女徵詢意見時（小孩常覺得自己無能為力），不但表示我給對方的話語權比他們所想的還多，也表示我相當看重他們，給予他們超乎理性程度的信任。若上司在面試時直接問我想要多少薪水，為何我要就此事徵詢他的意見？有些人覺得我是打開門讓對方來欺負我。我還會說他在這些事情上是「專家」，我信任他，進一步讓他感到自己的身分高於我。

我現在已經把地位和信任交給對方，他不太可能願意放棄它。現在他準備好要幫助我。他或許不會付兩倍薪水給我，但就算我開口要這種高薪，也不可能拿到，到時喪失地位的人就是我。

面對這些情況時，往往無法確知什麼做法才正確。我手上的資訊比對方少，所以不管他作何回答，都是資訊，而資訊便是力量。我可以這麼說：「唔，我想要（高得離譜的數字）的薪水，但是（此處加入勸告技巧）。」

這叫做「錨定偏誤」（anchoring bias），一般人會從錨點開始做決定，這是經過證實的現象，假如對方問你覺得自己應該拿多少薪水，你就算只是說句玩笑話：「嗯，我想是一年五百萬吧。」然後你笑了，依然可能獲得較高的薪水。

但我不喜歡玩這種伎倆，我就是會覺得不自在，更何況要是主管察覺到我在耍花樣，有可能適得其反。

但是勸告技巧從未讓我失望，通常是因為我發自內心這麼想。買家問我覺得自己的公司或產品值多少錢時，我會嚇到，我真的想知道對方的想法。

所以我徵詢對方的意見。表示尊重，承認對方的地位。對方大腦內的血清素會快速上升，覺得高興，想積極行動，更願意冒風險，像是買下你的公司、雇用你、和你約會的風險，或者一個小孩明白他對自己的命運的掌控力比他原本以為的還要多。

請記住人人都有自己的人生待辦事項，但首要事項無非是提升自我價值，同時保有自己的階級地位。與他人互動時，絕對不要試圖提升你本身的自我價值。無論何時，記得幫助對方增加自身的重要性和自我價值。發自內心這麼做，你就會結交到終身的盟友。

給對方權力，讓他們幫助你。他們會的。

六分鐘建立人脈

你想要分享你的點子，必須有人脈才能分享出去。

喬丹·哈賓格（Jordan Harbinger）必須另開一個播客節目，他的前一個播客節目《魅力的藝術》（*The Art of Charm*）喊卡，因為他跟夥伴決定分道揚鑣。於是他的《喬丹·哈賓格秀》（*The Jordan Harbinger Show*）在二〇一八年剛開始時並沒有聽眾。但只過了短短十八個月，他的節目每個月就有百萬次下載。市場上可是有八十萬個播客節目呢。

「你這麼快就另起爐灶，而且比之前更強，是怎麼辦到的？」我問他。

「我有一門叫做『六分鐘建立人脈』的課，」他說，「我本來想叫它『五分鐘建立人脈』，但這個名字有人用了。」

「跟我說說。如果你告訴我，我可以把它寫成文章嗎？」

「好啊！」他說，「但你寫的時候，方便提一下播客節目叫什麼名字嗎？」

「當然囉，叫《喬丹·哈賓格秀》。」

好，他是這樣說的：每天在美國東部標準時間下午一點，做下面幾件事：

1. 在手機上滑一遍你的聯絡人名單。找出四個你好一陣子沒傳簡訊的人。

2. 傳簡訊給這幾個人。人們打開簡訊看的機率有九成，而打開電子郵件的機率只有八％。

3. 別提出任何要求。只要說：「我剛看到ＸＹＺ，讓我想到你在做的ＡＢＣ專案，我突然想到你應該要做ＪＫＬ。總之希望你諸事順利。下次聊。」

4. 天天做，持之以恆。

他表示，這個想法的核心在於，你並不想從這些人身上獲得好處，你只希望他們第一個想到你。到了月底，你就累積了一百個馬上想到你的人。

喬丹告訴我，關鍵在於「不要等到口渴才掘井」。

打從我把它化為日常行動後，發生在我身上的事太多了。

幾個月後，搞不好有人問某個你傳過簡訊的人：「你知道有誰可以在我們的高階主管度假會議上做付費演說嗎？」而因為對方第一個想到你，就有可能脫口說出你的名字。

你也可能有機會為他人提供諮詢，或者他們認識某人適合當你的播客節目嘉賓。這種做法讓你維持人脈。

我也如法炮製，但不像喬丹這麼有系統。我先前採用的技巧是這樣：大概每個星期一次，我會察看七年前的電子郵件。如果發現某人在郵件上說：「嘿！我們可以通電話聊個幾分鐘嗎？」但我七年前沒回信，此時我可能回信說：「好，星期二如何？」彷彿中間沒有隔很久。他們沒有惱怒，大多很驚訝：「你都要花上七年才回應嗎？週二聊！」有次我隔了十二年之久才按下回覆鍵，在漫長的十二年間沒跟這人說過話。他在二〇〇二年答應跟我共進午餐。二〇一四年，我遲了十二年才按下回覆鍵，一星期之後他來上我的播客。

「允許拓展人脈」是喬丹在課程中說明的另一項做法。多年來我也使用這個方法。大多數人認為自己的「人脈」是由清單上關係密切的人組成，即輕鬆就能致電通話的對象。

所以，若你認識一百個人，你的人脈價值是一百。但人脈的價值並非透過這種方式定義。「臉書建立人脈的法則」是：你的人脈價值並非在清單上的一百個熟人，而是串連起這一百個熟人的那些人。

所以，若你清單上的一百人互不相識，價值便是一百。如果清單上的A和B透過你介紹而認識對方，那麼你的人脈價值是一百零一。一旦你開始介紹大家互相認識，價值也會快速上升。為什麼？因為若你認識一百個人，他們就有可能透過一萬種方式來建立關係（一百×一百）。

我的朋友劉易士．豪斯（Lewis Howes）用這種方式建立了事業。他原本在姊姊家睡沙發，有段時間因受傷粉碎了他成為職業運動員的夢想，心情頹喪低迷。他想和更多人建立起關係，便開始在領英上結交朋友。他會跟透過領英認識的人說某某人要找一位律師，或者某某人要找程式設計師，劉易士會居中牽線。接著他開始辦聚會，請出席者配戴名牌，上面有姓名和他們需要的一樣東西。他介紹一百個熟人互相認識，他的人脈很快增值為一萬。他開始銷售如何利用領英拓展人脈的課程，淨賺數百萬美元。他的事業就此展開。

這是拓展人脈的力量，但要成功拓展，讓別人樂意幫助你，維持長久的關係，你就得加入另一項要素：獲得允許。

前幾天，某個城市的市長打電話給我，問我是否能介紹播客主持人給他。

「當然可以。」我說。

我打電話問幾位主持人：「某個有名氣的市長想要上你的播客節目，可以嗎？」

我一定先獲得對方的首肯。

我討厭某人寫一封電子郵件來說：「老詹，這是X先生。我已經把他放在副本收件人，把我放進密件副本收件人，這樣你們倆就可以開始談！」我敬謝不敏！你只是給我一份家庭作業，我不必再做作業了。你要先得到對方的同意。

所以我致電問幾個人：「你想認識X市長嗎？」

他們說：「好。」

我就撥電話給這位市長：「你想去上A的播客嗎？」

如果他說好，我就介紹雙方認識。我有取得雙方的同意。現在我給了兩人額外的工作，但無人表示不滿。其實我幫了他們的忙，而且我不要求回報。成為消息來源便已足夠。

現在我的人脈價值增加了。每天這麼做，經過一年，你的人脈價值比起去年將有大幅成長。祕訣在於天天都做。只要做一次介紹，別太為難自己。

在本書問世前，我從未在人脈圈開口請託。我只是不斷傳遞價值。但現在我已經投入數年時間想方設法傳遞價值，我大可開口問人：「嘿，我正要出一本書，你可以幫我嗎？」大家都會答應。

之所以叫做「六分鐘建立人脈」，是因為我們常認為的傳統拓展人脈方式，例如出席活動或會議、參加貿易展，都只是浪費時間而已。

循著前文介紹的人脈養成技巧，你還得避免最容易拖累人、最浪費時間的事。有兩種方式能幫助你做到：

1. 絕對不要去非專業性的社交聚會，只參加有明確主題或目的的活動，否則你只會收到一大疊名片，不會有什麼收穫。
2. 創造一種軟體，這樣你用來拓展人脈的時間便可發揮最佳效益。

喬丹告訴我：「我用一種叫做 Contactually 的管理系統軟體，來追蹤記錄我寄過電子郵件給哪些收件人、在信裡答應過的事。我可能在郵件裡對某人說：『我一個月後再跟你聯絡。』如果你一個月後回頭找對方，他一定很欣賞你言行一致。否則我就忘了。」

沒錯！我老是忘記，於是我開始這麼做。

但有些人似乎遙不可及，萬一你想跟他們聯絡怎麼辦？我現在主持播客，經常得想法子找到很難聯繫的人。

「沒問題，」喬丹告訴我，「但祕訣在於聯絡到他底下的那個人。名人通常被很多人包圍得密不透風，以免外面的人接近他。去結識這些守門人。

「但你不能只是出現在他們面前，他們還是不認識你。你必須上他們的社群網站去看，找到某個切入點，和他們打好關係。如果某人是成功的棋士，你不妨先寄張短箋給他，算是培養交情的第一步。」

就像這樣，一天六分鐘，而且不管你有多內向或不擅長培養人脈都無妨，你的人脈價值在接下來的一年內會增長一百倍以上。

我三十年來都不懂得培養人脈，但著手做某件事的最佳時機若不是三十年前，就是今天。

反轉！

我從來不反對別人的意見。何必？假如我認定是X，而他們認定的是X的反面，那麼我說動對方改變心意的機率有多大？

而且我才不在乎自己是否讓對方改變立場。這件事會改變世界嗎？我死的時候，他們會來參加葬禮嗎？

重要的是**別讓自己陷入某種意見的窠臼**。

這項「反轉！」技巧不光是幫助你應付意見不同的人，也可讓你在溝通歧見的過程中進行實驗。

社群媒體過去常被稱為「社交網絡」。你跟朋友會透過某個網絡聯絡感情，而它是保持聯繫的嶄新管道。我超愛的！

突然間，我和很多古早時期認識的人重新成為朋友：小學、中學時的朋友、大學時的朋友、生意上結交的友人、媒體朋友等等。

但現在，社交網絡一詞已被「社群媒體」取代。不同的社交網絡利用各自的演算法找出跟你意見相同的人，這些人的意見就出現在你的動態消息上。

變得更聰明的方法便是**去找意見不同的人，傾聽他們的說法**。

在墮胎一事上，我支持當事人有選擇權，但我想聽捍衛胚胎生命權的人怎麼說。我反對戰爭。我想聽支持戰爭者的說法。

我不希望子女上大學，但某些人覺得讀大學是人生最愉快的體驗，我想知道他們為什麼這麼說。

有時候我改變想法，有時候對方變得不喜歡我，我為此感到緊張。但最棒的事並不是聽他們怎麼說，而是反轉：**查明反方的立場**。

我不輕易反對某人，除非我比對方**更懂得**為他的立場辯護。我必須盡量充分了解，而且還得願意逐項挑戰自己原先的論點。

你這麼做以後，會變得更圓融成熟，更了解許多人可能有什麼想法。你不再像以前那麼常生氣，或者對意見不同的人擺架子，這一點最要不得。我們只有短暫的人生，為什麼要浪費一分一毫時間跟人爭論，只因為他對金屬吸管有不同的看法？

Google 技巧

我做第一份工作時，大家都警告我：「布魯斯會搶你的功勞。要小心。」朋友們都對我很好，他們認為功勞是你必須牢牢握住的珍貴禮物，別讓任何人搶走。

但我希望功勞屬於上司，一部分是因為他越有面子，我越有可能保住飯碗。我很怕被解雇。

我做的每一件事都讓布魯斯領功。我對每一個人說：「這是布魯斯想出來的點子」、「布魯斯讓我做這個」、「我有布魯斯這樣的上司真是謝天謝地。」布魯斯獲得升遷，晉升了多次，於是他放手讓我做想做的事，從不過問，因為他每回都很有面子。

所以最後我另外開了家公司，然後聘請這家公司來做原本公司分派給我的業務。沒人覺得有何不妥，因為我現在生產力超強，而且這一切都是我上司的功勞，還有他的上司，以及上司的上司。

之後我辭職了，接著去自己的公司全職上班。

接下來呢？

我讓每個客戶都有面子。

這些客戶的工作內容是幫公司做網站。我會替他們的公司做出很棒的網站。開會時，我會說是他們想出了設計的點子、功能、商業模式等等，完全歸功於他們。

他們很有面子，獲得升遷，被其他公司雇用。那麼他們會雇用誰來做這些事？我的公司。

有次，幾名員工想辭職，自行創業，還帶走其中一些客戶。我的合夥人怒不可遏，我說：「沒關係。」我還給這幾個人建議，給足他們面子。二十年後，我有件極其要緊的事需要幫忙，他們是最早伸出援手的人。幫助我脫離困境的並非以前的合夥人，而是曾經「背叛」我們的員工。讓自己成為一張「功勞信用卡」：給每個人應得的功勞，他們就會一直回來找源頭。

職業生涯是一場馬拉松，不是短跑。

所以這項技巧跟 Google 有何關係？唔，Google 根本不了解摩托車，但我若在 Google 上詢問：「你可以告訴我什麼是摩托車嗎？」它會說：「喏，我們對摩托車一無所知，但我們做過很多研究，下面列出十大最佳網站，你不妨上去看看有關摩托車的資訊。」

它還會說：「順便告訴你一聲，這裡的網站可能不錯，但他們有付錢給我們。」

Google 讓這些一流的摩托車網站很有面子。Google 只要看用戶多快離開 Google，就知道各個網站的經營成效。那麼現在我想了解一下「最棒的手機」，我會上哪個網站？不是手機的網站，而是 Google。

有些網站花上幾年時間做搜尋引擎優化（search engine optimization，SEO），這樣他們始終都排在 Google 搜尋的前幾名。但 Google 知道這種情況，持續改良它所用的演算法，確保最前面幾筆搜尋結果皆是優質網站。

人們總是回來找源頭。我知道在我給別人留面子的時候，我便是源頭。他們會回來找我。每當我需要一份工作或職涯，或一些恩惠，或者在我深感無望、不知所措時，甚至是新事業起步、需要人幫我一把時，曾經在某個階段接受我好意的人就會出手幫我。

每天伸手幫一個人，把功勞歸給某人，抑或是無私地為某人解決生活上的不便。**你從不邀功，但大家一輩子都會記住你的功勞**。

注意力節食計畫

我跟馬克・曼森（Mark Manson）聊天，他那本《管他的：越在意越不開心！停止被洗腦，活出瀟灑自在的快意人生》（*The Subtle Art of Not Giving a F*ck*）賣出了八百萬本。這本書很棒，他的文字風格相當犀利。他跟我提到進行「注意力節食計畫」（attention diet）的概念。

以下是我個人的注意力節食計畫：

- 我不看新聞。
- 我不再讀報紙雜誌。
- 我不再點進臉書首頁。

- 我不再點進推特首頁。
- 我只看書獲取新聞資訊。
- 我不再談北韓、川普、運動等話題，也不再談某某人何時跟誰說過何事，以及此事的源由。
- 如果某人說：「你相信世上有這種事嗎？」我一定說：「相信啊，」之後不再聽他說下去。
- 如果某人想跟我推銷某個點子，我不予理會。
- 如果某人想約我見面喝咖啡，說：「我相信你一定會喜歡。」我不予理會。
- 如果某人要在財務、喜劇、寫作、經濟學等議題上給我建議，我不予理會。
- 如果某人不同意我的看法，我不予理會，除非我認識此人，而且是當面討論。口頭溝通只占百分之十。

「等一下，你不怕漏掉什麼消息嗎？」

不，我絕對不會漏掉任何情報或消息。要是某事很重要，足以對人生造成影響，朋友終究會來問我：「你聽說……了嗎？」此時我便可查詢原始資料來源，而不是聽哪個新聞報導的特定說法。這種情況應該很罕見，因為大眾對於一般新聞事件的記憶力頂多只持續一天。

如果你讀第一流的歷史、哲學、科學等書籍，你便會了解形塑這個世界的力量，把它說給別人聽，你就會看見某些事實正在醞釀，隨著時間成形。

你將學會過更好的生活，因為你向第一流的作者取經。

如果我過更好的生活，便可鼓舞周遭的人，他們會鼓舞身邊的人，形成良性循環。掉進海中央的一塊石頭會激起浪花，捲向每一處海濱。

「等一下，你不是應該了解國內時事，以發揮影響力嗎？」

與其了解這些事，我不妨去幫助我所在街區的五、六個遊民。

我不妨去找孤單的老人，坐在他們身旁。

我不妨讀書給盲人聽。

我不妨逗人笑。

在我周遭發揮影響力是貢獻價值、減少苦痛的最佳方式。

「等一下，你為什麼忽視別人的點子？你不是鼓勵大家要有想法嗎？」

是，我每天設法寫下十個點子，從二〇〇二年就開始這麼做了。

而且我會視情況和別人分享這些想法。假如我想到十個跟麥當勞有關的點子，我會找出管道告訴某個麥當勞內部的人。

全都是好點子嗎？未必。

這就說明了沒有人有義務聽取我的想法。十八年來，我持續練習構思更好的點子，所以我寧可加強自己的創意，勝過聆聽別人多半不怎麼樣的點子，除非是書裡的想法，而且是我喜愛的作者、或是其他人極力推薦的作者所寫的書。

「好，那麼……」技巧

我寫過一本書，叫做《當下說不的力量》（*The Power of No*）。

但我現在要教你說「好」。

如果有人提出一個點子，回答的要訣是：「好，那麼……」協助對方探索自身的想法，針對這個想法進行更多發揮。「好，那麼……」是即興發揮的首要法則，這是有道理的：這句話讓其他人創造出新事物。

我之所以提出這一點，是因為要想攀上頂峰、快速致勝，你得和組織內不同階級的人溝通。很多時候，你傳達自身的觀點時，必須能夠批判他人目前的觀點。你這麼做的時候，人們會有戒心。有些人喜歡在批評時發表攻擊言論，或者愛吵架，或自以為地位比對方高，沾沾自喜（儘管這種地位經常變動，而且有害）。用「好，那麼……」當作開場白，提出有益的建言是很重要的。你的批評會變成雙贏。過程大概像這樣：

- 列出優點。
- 針對你認為可改進的地方提出意見。
- 重申一次你的核心概念、意圖和目的。
- 樂於承認「你不一定對」這個事實。你一定有犯錯的時候。
- 不要理會一味攻擊的批評，也不要對別人提出這種批評。

如何面對拒絕

假設你打算剽竊一本注定在歷史上留名的書。你取來一本得過美國國家圖書獎

（National Book Award）的書，從頭繕打一遍，假裝是你的作品。你投稿給十四家出版商，上面放的是假名。無一例外，所有出版商都寄出拒絕信。於是你想到了兩件事：

1. **沒有一家**出版社知道自己拒絕的是榮獲國家圖書獎的書籍。
2. **所有的**出版社都覺得這本獲得最高獎項的書很爛。

的確發生過這種事。

有個自由撰稿作家查克・羅斯（Chuck Ross）想要一探究竟。他取來耶西・科辛斯基（Jerzy Kosinski）於一九六九年獲得美國國家圖書獎小說類獎項的《腳步》（*Steps*），決定做個好玩的實驗。他把這本書重抄一遍，用假名投稿給幾家出版社。它不光是被每家出版社拒絕，就連出版《腳步》一書的蘭登書屋（Random House）也用制式信函回絕。科辛斯基的書曾被拿來與「卡夫卡最棒的小說」相比擬，此書短小辛辣，是我的心頭好，我非常推薦。

這是否表示大多數人都是白痴？或許吧。

它也意謂著：

- 大多數說出意見的人很可能是錯的。
- 若對方不知道你是誰，多半會拒絕你。
- 沒有人一早醒來會說：「就在今天，我要把一個無名小卒變成超級巨星！」
- 多數人工作不太用心。其實也不要緊，但別把你成功的希望繫在他們身上。
- 即使是成功人士也不希望你快速致勝。我老是聽人說：「你要先盡好本分。」全是屁話！
- 你必須掌握自身的職涯和機會，不斷做實驗，還得一天寫下十個點子來鍛鍊你的創意肌肉。沒有人會幫你想點子，**你**得自己想出點子來。
- 你有了第一本書？自己出版。你拍了一部獨立電影？把它上傳到亞馬遜的網站。你有個關於廣播節目的點子？做個播客吧。
- 你想打造一個App？不用募款。把錢省下來，直接找顧客，或者在做App之前刊登廣告，看看有沒有人點進來看（這個實驗是要確認其他人是否對你的點子感興趣）。
- 你想成為電影明星？自己寫劇本，就像席維斯．史特龍（Sylvester Stallone）寫出《洛基》（*Rocky*）的劇本，或拍一部自己的電影。

這是難以抉擇的兩難。若想出人頭地，你必須獨樹一格；但若你跟大家不一樣，沒人能知道你是誰。而且沒有人會特地出手幫無名小卒。你必須找一間無人的空房間，再邀請其他人加入。這就是快速致勝之道。

《格雷的五十道陰影》實驗

我決定進行自己的光速實驗，打算試試羅斯這一招，看看在這個人人可自費出版的新世界裡，我有無成功的指望。我取來《格雷的五十道陰影》（*Fifty Shades of Grey*），雇用某個在印度的人拿一本同義詞字典改動書中的文字。比如說，「她匆忙趕去考試」變成「布蘭達急匆匆出門應試，以免遲到」。

我用了一個假名，換了個書名，做了書的封面，上傳到亞馬遜。現在它是一本已出版的書，就是另一本《格雷的五十道陰影》，只是逐字逐句做了更動。或許……搞不好……我盼望它也可以賣出許多本。最後大概賣了八十本，但總共花了我兩百美元和兩小時。這是個實驗。

為什麼《格雷的五十道陰影》賣得這麼好？E・L・詹姆絲（E. L. James）做了什麼？這次失敗的實驗迫使我學到幾件事：

1. 她有平台，大概有一百萬名讀者在幾個不同的網站上追蹤她創作的《暮光之城》（*Twilight*）同人作品。
2. 《格雷的五十道陰影》問世時，恰逢 Kindle 電子書閱讀器逐漸普及。大家可以在大庭廣眾下讀這本軟調情欲小說，卻沒人知道他們在讀什麼，避免丟臉。
3. 它獨具風格。

她有平台，而科技和時間點湊巧。但假如她不做實驗，創立一個平台，不經他人「准許」就寫自己的書，自行出版，她也不會知道有這種機緣。真為她高興。

試著接近過得不順的人

我並不是說要你自行出版，也不是要說某些人有多蠢（好吧，有一點）。是要告訴你用不著等別人允許。是要你遇到感興趣的事就做個實驗看看。

而每一項實驗都教會你一些東西。這是唯一的學習方式。

不管你想做什麼，有太多人會想方設法阻攔你。

笨蛋、卑劣的人、討厭你的人、不願看見你有進展的人，甚至暗中搞破壞的人。

有些人過得很不順，有自身的問題要解決，因而悲傷焦慮、惴惴不安。

試著接近這些人，當成一種實驗，天天都做。這不是他們的錯，但並不重要。你必須要接近他們。

你天天都得做實驗。

第十四章　五十比一法則（如何擁有無限的生產力）

我有段時間在企業上班。那裡的人十點左右進公司，大概十一點半會趁休息時間下樓抽菸，到了中午出去吃午餐。三點半又有抽菸的空檔。到了四點五十分，大夥兒開始離開辦公室。他們沒在辦公桌前認真工作的時候，有可能是去參加沒用的會議、在飲水機旁跟同事聯絡感情、拍上司的馬屁，諸如此類。我粗略估計上班族平均一天只工作兩、三小時。

好吧，我並非暗示每個人都是這樣，也許我應該請萬能的 Google 大神幫我一下。只要一秒……

喏，從 Google 上查到：普通員工一天有生產力的時間是兩小時又五十三分鐘。Google 叫我去看 *Inc. Magazine*。據這份商業雜誌所說，一般人在上班時間摸魚，會做以下這些事：

1. 閱讀新聞網站：一小時五分鐘

2. 檢查社群媒體動態：四十四分鐘
3. 跟同事討論工作以外的事：六分鐘
4. 搜尋新職缺：二十六分鐘
5. 休息時間抽菸：二十三分鐘
6. 打電話給伴侶或朋友：十八分鐘
7. 調一杯熱飲：十七分鐘
8. 傳簡訊或即時訊息：十四分鐘
9. 吃零食：八分鐘
10. 在辦公室做東西吃：七分鐘

有道理。但問題是，他們在有生產力的那兩小時五十三分鐘內做了些什麼？有生產力的時間是否包括了什麼結論也沒有的正式會議？（我覺得一般員工每天花二十六分鐘找新工作還不賴。）

你上班領薪水，表示他們付的錢足以讓你忍受做不喜歡的事。要是你一年付我十萬美元，我才不肯剷屎。但我可以向你保證，要是你一年至少付我一千萬美元，我願意做剷屎的差事。

但如果你能夠探索熱愛的事物，又有薪水拿，這是無上的幸福。巴菲特常說：「我每天去上班都很雀躍。」而他的正式年薪只有十萬美元（好吧，這是因為他不想繳稅，而且他已經有七百二十億美元的身家，但總之如此。）。

這並不表示你無須認真工作，也不表示你可以靠走捷徑在職場上或家庭內獲得成功。因為工作其實是這樣：你並非靠你創造的價值來賺錢。

假如我做的工作為公司帶來一美元的額外收益，我能夠從中拿多少錢？嗯，股東拿走一小片，執行長拿一大塊，而我的頂頭上司（以及她的上司和所有高層）又拿走一小片。這些人全都拿得比我多。所以，我雖然創造了一美元的價值，也許只能保留一分錢，搞不好更少。

這不是說你應該閒散不做事，但我現在想示範一種技巧給你看，幫助你優化你的上班時間，盡量達成最高效率，如此你便可以利用剩餘時間找出使你醉心的事物，投注心力去追求、學習，成為箇中翹楚。

如何用兩成的努力，達到八成的效果？

我以前幾乎每天把自己關進會議室一小時，不理會在外面敲門的人，我在裡頭打電話給客戶，那時我的副業是幫其他公司架設網站。有人在外面使勁敲門時，我就滿心焦急，如今回想起來都覺得焦躁。但我記得這件事。

我花了一年半才辭掉在ＨＢＯ的全職工作（年薪四萬兩千五百美元，還是加薪以後的數字），全心經營我替人架設網站的副業，我的職稱是執行長，有二十名員工，比這份全職工作賺得多。

那時候，我不敢冒險。我真希望自己在ＨＢＯ工作時，提摩西．費里斯（Timothy Ferriss）的《一週工作四小時》（*4 Hour Workweek*）已經面世，但是沒有。因為這樣我就會學到八二法則（80/20 Rule），明白它用何種方式改變生產力。那麼，我就會加上一種變化，在我之前沒人提出來過。八二法則的概念是，你在某項專案上所花的兩成時間，創造出八成價值。它在人生各方面都派得上用場，幾乎像是物理學定律（其實它叫做帕列托法則〔Pareto principle〕）。如果你有一座花園，撒下種子，那麼其中兩成的種子會開出八成的花朵。

如果你有一百名員工，那麼其中二十名員工會創造出八成的收益。

如果你開店做生意，那麼有八成的營業額要靠百分之二十的顧客。

如果你是亞馬遜網路書店，你這間規模超大的網路書店裡賣出的兩成書籍將創造八成的銷售量。

《連線》雜誌的前編輯克里斯．安德森（Chris Anderson）創造出「長尾」一詞，來描述在這個新的數位世界，人人都有機會賺到一些錢。長尾其實是八二法則的反面，但想想確實有趣。是的，世上百分之八十的書籍銷售量是靠百分之二十的作者達成，例如J．K．羅琳（J. K. Rowling）、約翰．葛里遜（John Grisham）等人。但安德森注意到一點：因為現今每一本書都可在網路上買到，幾乎所有作者（其他不在頂端的百分之八十的作者）在最後兩成的書籍銷售裡人人有分。大多數作者可能只賣出一、兩本，但他的論點是：既然有短尾（頂尖作者群的銷售量最大），那麼長長的尾巴上也有一群人仍然有一些銷售量。此一論點意謂著：如果你像亞馬遜一樣是彙集所有書籍的書店，依然可以透過長尾賺進大把鈔票。這是另一種運用八二法則的方式。

費里斯的論點是：你不必為了創造百分之百的價值，將全部時間都用在工作上，只要明白你所花的兩成時間便可創造接近全部的價值（明確地說是百分之八十）。這表示如果你去年用全部時間工作，賺了一百萬美元，現在你必須接受八十萬美元收入（原本收入的八成），但只用了兩成時間。

現在問題（也是個好處）是：其他百分之八十的時間你要拿來做什麼？你要做毫無生產力的事（如第二〇七至二〇八頁列出的活動），還是打算培養技能、建立人脈（見第十三章〈人人都該學的微技能〉，「六分鐘建立人脈」一節），好開始創造新的收入來源？

根據美國國稅局（Internal Revenue Service，ＩＲＳ）的資料，千萬富翁平均有七種收入來源。工作只是其中一種收入。所以，若你用百分之百的時間做一份工作，盡可能賺到最多收入，你的收入仍比不上某人一天之內有效率地利用兩成時間，各做三件事，以創造二四〇％（八〇％×三）的正常收入，再加上每週還剩下四成的時間可利用。

你該如何找到對的兩成？這是困難的部分，也沒有明確的答案。

- 第二〇七至二〇八頁所列毫無生產力的事，你統統不要做，這樣可搶救六至七成無生產力的時間。
- 你可減少或取消簡短的會議，反正很少有成效。
- 你可根據目前的需求，列一張優先處理事項的清單，再減除多餘部分，然後專心做這幾件事。
- 你大可承認自己無須達到平常百分之百的產出，只要達成百分之八十，就不會有太大壓力。
- 你可以寫幾個星期的日記，衡量每項活動的產值，比如它帶來多少收入？衡量你所進行的活動有助於將百分之百的工時削減至高效率的百分之二十。

費里斯解釋道，他以前求學時是個完美主義者，只要小考成績沒達到A或A+就很不開心。但為了在考試時多拿二〇%的分數，他得花上非常多時間。反之，假如他願意接受B這種持平的成績，就可減少八〇%的時間，把讀書的時間拿來學其他技能。

你必須接受這種結果。

但接下來就要談到把二〇%變成一%，只消將八二法則稍加變化即可。

運用五十比一法則，省下時間，多出收益

我有次搭計程車，和運將攀談起來。他說話帶著口音，說自己是土耳其人。不知怎麼地聊到他下西洋棋的事。

「噢！」我說，「我也下西洋棋。」我想他大概是懂得規則、隨便玩玩的那種，我們可以聊一下。依美國的等級制度，我屬於「大師」（master）級別，而光是獲得這項稱號已經為我的生活帶來很多好處。別人一聽到「西洋棋大師」，立刻誤以為是「聰明」的意思。只因為這項榮譽很早就被我寫進了履歷，我被大學和研究所錄取，也應徵上好些職缺，我甚至還募到款項，只因為大家都認為西洋棋大師的身分代表我很聰明。

我問計程車司機是否參加過錦標賽。

「有，我是土耳其全國冠軍。」

「什麼?!」

「是的，我是國際大師（international master）。」

這表示他比我強很多。他告訴我，他花了額外五年的時間鑽研西洋棋，不斷參加錦標賽，才從大師躍升到國際大師。換句話說，我投入的心力只是他的兩成，但我「只是」大師，而他是頂尖的國際大師。但如果我多練五年，對我有什麼好處？雇用我的人、被我拉進來投資的人、因不同機緣一道共事的人，根本不在意這個，也不曉得大師和國際大師之間的差別。大部分人會以為是一樣的，甚至對於一般的西洋棋手來說也一樣。一般的西洋棋手分辨不出兩種等級的下棋風格，儘管我能夠分辨（他起碼三回贏我兩回）。在這件事上，我設定好優先順序，達成第一個目標（大師）後，便不再參加錦標賽，並且利用這個稱號拿到各種好處，因為社會上認為擅長某些活動的人就是「聰明」。

你必須退一步檢視全局，思考哪些活動對你最為有利（以及好處可延續多久），有助於快速達成你渴望達成的目標。

現在……稍微變化一下。

「八二法則」可再自我套用。

假如你將「八二法則」套用在它自身上，會得到「六十四比四」法則。種植在園內四％的種子為你帶來六四％的價值。

（〇・八×〇・八＝〇・六四；〇・二×〇・二＝〇・〇四）

花匠會告訴你結果確是如此。

四％的工作為你創造六四％的價值。

依此類推。

再做一次。

再把「八二法則」用在「六十四比四」法則身上，結果大約是一％的工作會帶給你五成價值（嚴格說來，是〇・八％的工作會為你帶來大約五一・二％的價值）。

你該如何找到那一％的活動，既可保有你目前創造的五成價值，同時還能百分之百運用你的時間？

試想你是個雇主，手下有一百名員工。

根據上述的五十比一法則，其中一位員工大概能替公司創造出五成的價值。

誰是那個員工？或者說，哪四位員工創造了六四％的效益？或者說，哪二十位員工為你的公司帶來八〇％的營業收入？

衡量真正重要的員工。

- 先給「價值」下定義。是指營業收入、利潤，還是談成新的交易？
- 進行衡量。比方說，上個月新客戶的業績，其中八成是由哪二十名員工達成的？在二十名員工裡面，上述八成中的八〇％是哪四人達成？其中又以誰最強？

在日曆上寫下你一天之內做過的事，就算是最細微的瑣事，如：「十點零三分—十點零五分上廁所」。連寫一個月。許多人回想當天的事，都不記得做了些什麼，甚至不知道自己花了多少時間在毫無生產力的事情上。那麼，到了月底，有了這些資料，加上你仔細思量後所決定的優先次序，你便可找出你創造最大產值的一％時間。現在，若你願意接受一半的產值，但和先前相較，只利用一％的時間做某件事，你就可調整自己的時程表，**只用一％時間做事**。這不是說要你用其他九九％的時間在網飛（Netflix）上瘋狂追劇，雖然也可以。有時候追劇也不是件壞事，有時間休息並恢復活力對大腦及創造力都頗重要，也有助於抒壓。

但現在你也可決定自己想探索哪些新鮮事。你才剛釋出了大部分時間。是的，你可能僅剩一半收入，但人生美好，而你有時間追求其他興趣、其他可帶來收入的活動，或可能衍生更佳機會的創造性活動。

舉個例子，我架設了 Stockpickr 網站，這個社群網站專供有志於投資的人交流，有許多特點，像是列出知名投資客的股票投資組合，這樣其他人或許可以研究股票巨擘巴菲特或卡爾·伊坎（Carl Icahn）等人選擇的股票。這個網站也讓用戶彼此認識，可互傳訊息。還有留言板，人們可發佈一則帖子，像是「Google 股票非常值得買！」，大家就會加入討論。用戶也可輸入自己的投資組合，而演算法會將相似的組合進行配對，好讓用戶結識意見相近或興趣相投的人，也許可相約討論投資心得。最後，網站上有個頁面列出不同的選股結果，如「昨天哪一支股票下跌最多？」或「五月份哪支股票的盈餘最好？」。

我很自豪這網站有這些特點，不過我在研究流量時發現留言板的瀏覽次數最多，而股票組合極少人上去瀏覽。我在架設網站時，花費兩成心力開發留言板，而它至少創造出八成的流量。接著我進一步檢視，發現留言板上大部分的流量是在拋出問題的帖子上，如「目前有哪些被低估的股票？」或「有哪些高股息的股票？」。

結果發現四％的網站內容（留言板上問問題的帖子）至少產生六成的流量。於是我嘗試新做法，約莫花了我一天時間編寫程式，在網站上增設了顯示問題與答案的區塊。大家可在此提出任何問題，其他用戶可以回答。就在同一天，我讓「問與答」上線，網站的瀏覽量翻了一倍。因此，經由研究哪兩成的內容帶來最多價值，我就能致力於改善那個區塊，以產生更多流量。更多流量為網站吸引了更多廣告，因而帶來更多的收入。

接著我注意到另外一件事：有個有名氣的投資人在「問與答」頁面回答了用戶提出的

很多問題，應該說他的答案為整個網站帶來約五成的瀏覽量。對我來說，他就是那一%！於是我找來其他知名的投資客，請他們在網站上回答問題。網站的流量又翻了一倍。

先利用五十比一法則（脫胎自八二法則），再給成功下定義並加以衡量（在本例中，是瀏覽量），我便能提高業績，也獲得更多自由的時間。我不再每天更新選股結果，而是每星期更新一次，對於網站經營成效毫無影響。我也不再更新所有明星投資客的股票組合，僅更新其中幾人即可。我明白這個網站是以投資的「問與答」取勝。如此一來，我很快便能創造出夠多的瀏覽量、收入及業務價值，因而得以在網站上線後幾個月把它賣掉。

我另外一個朋友開始寫部落格，寫當日發生的事、她的家人和老公等等。她原本沒想過察看分析數據，了解哪些貼文比較受歡迎。但她看了以後，發現有關育兒的建議（約佔貼文的兩成）瀏覽次數最多，於是便開始寫更多有關育兒的文章，瀏覽量持續上升。她進一步檢視後，發現有關教導或訓練五歲以下幼兒的貼文有很高的瀏覽量，遠高於描寫青春期子女的貼文。因此，她動手寫更多這個主題的文章。由於她的網站瀏覽量高，開始有廣告客戶上門，她才得以辭掉工作。最初寫部落格只是業餘嗜好，但結合了八二法則，再不斷應用八二法則，最後改變了她的人生。

日常生活中也適用五十比一法則

這個法則不僅可以在你上班時套用，也可運用在日常生活的各個面向。

二〇一二年時，我不停地奔忙，討厭自己的人生。那時我寫很多種部落格，想辦法上不同的新聞節目，滿心以為這樣做可以讓自己顯得舉足輕重。我費盡心力尋找賺錢的機會，花太多時間挖掘某個兔子洞，卻毫無收穫。有時候我會放下例行事務兩、三天，去外地開商務會議，通常沒有結果。我還是幾家公司的董事會成員，聽起來很威風，卻很浪費時間。大家都把我的建言當耳邊風，直到公司快破產才來求助，但這種時候已經沒救了。

因此，我辭去所有董事會的職位。我不再給企業建言，不再上新聞節目（為了別人三分鐘的讚嘆，浪費時間精力），我甚至不再開公司。我發現這幾年有一半的收入來自於對現有公司的被動投資。對我來說，投資的黃金守則是：**一定要跟比我聰明的人一起投資**，經營者從來不用問我有何忠告，也不必請我加入董事會。我只要站在巨擘的肩膀上就好。

舉例來說，二〇〇六年，我上消費者新聞與商業頻道（CNBC）的節目，大家都在笑我。我為《金融時報》撰文，那時微軟提議以十億美元收購臉書遭拒，我在文章中表示臉書是對的，因為我認為臉書未來可能有千億以上的市值，比現在高出一百倍。大家都說我傻，但我依然認為臉書是「條理分明的微型網路」（a miniature, organized internet），這是我確切的用字。我想投資這家公司，但不知該怎麼進行。不過我知道自己十年前便已開始利用網路潮流牟利。我那時開設了一家網路發展公司，協助大企業運用這項名為「全球資訊網」的新工具。

那一刻，點子完美地結合了！臉書＋我過去靠網路賺錢的方式＝一家臉書廣告公司，能夠幫助企業運用網路獲利。我開始搜尋這樣的公司。二〇〇七年夏天，我找到了一家，是我朋友萊茲洛開的。但除非這筆交易中有比我聰明的人，否則我不會投資。唔，後來發現臉書的第一位外部投資人泰爾，表示要用同樣的條件跟我這樣的人一道投資。我加入！接下來幾年內，就算我有時致電執行長萊茲洛，他也幾乎不回我電話。我沒什麼用處，這正是我想要的地位。他們根本不需要我的建言。二〇一二年，這家公司以八億美元賣給了雲端運算服務供應商 Salesforce.com。

二〇〇七至二〇一二年間，我花在「巴迪媒體」這家臉書廣告公司的時間不到百分之一，卻靠它賺進大約五成的收入。所以我決定放棄所有用來謀生的工作，專注於投資私人企業，而且是無須我提出忠告的公司。唯有當其他比我更聰明的投資人（其實不難找）願意用一模一樣的條件拿錢出來押注，我才會投資這家公司。

過去九九％的工作我都不做了，反正很多工作我本來就不愛做。

現在我多出很多時間。我只用一％左右的時間賺錢。也許我會賺得比較少，減少百分之五十，但我可以用省下的時間追尋真心喜愛的事物，把這些事物變成錢。我從二〇一二年底起開始這麼做。我寫完《雞窩頭下的金頭腦：給魯蛇們的三十一道成功啟示》，隔年六月出版，是我二十本書當中最暢銷的一本。二〇一三年底，我開始做播客《老詹秀》（*The James Altucher Show*），迄今已被下載一億次，而且我從中獲得極大的樂趣。

我開始做播客時，問自己：哪些類型的來賓最吸引聽眾下載？剛開始時，我邀請的嘉賓裡有八成是名人，基於他們的名氣，我覺得非請不可，畢竟聽眾比較可能下載邀請名人訪談的播客。另外兩成的非名人來賓，有些人做了不同凡響的事，也有人寫了書，而我超想搞清楚那本書在談什麼。這幾集的下載次數最多，因為我展現了好奇心，聽眾感覺得出來，也更樂意和朋友分享這幾集的內容。

這個方法也可用在脫口秀上。我在看一集特別節目，由我最愛的喜劇演員擔綱。我從各方面進行評量：觀眾上一次和這次的笑聲間隔了幾秒、笑聲多大、喜劇演員講了哪一類的笑話等等。他是喜劇大師，每一個笑話都經過多年的千錘百煉，而且他在這一小時的表演當中都很詼諧。但我注意到只要他模仿某個聲音，也就是在笑話裡學某個角色好笑的聲音，觀眾笑聲會更響也持續更久。我不知道他是否該學更多種聲音，使表演更出色（也許觀眾會覺得膩），但我發現我自己在表演脫口秀的段子時，從來沒模仿過聲音。所以我開始加入聲音模仿，在舞台上做更多「角色演出」的實驗：不光是講笑話，而是我扮演笑話裡面的幾個人物，把笑話演出來。結果你猜到了：笑聲變多了。

五十比一法則確實有效。我做播客賺到的錢遠遠比不上我投資私人公司的收益（其實我直到今天還沒從播客賺到一塊錢），但這是我愛做的事，我不在意整體收入可能掉了五成，倘若我投入全部時間去做賺錢的事業。我討厭開董事會議，即使賺得更多也不幹。我討厭提供任何諮詢，即使賺得更多也不幹。而我熱愛寫作、錄播客。我的收入足以維持不錯的生活水準，還有大把時間做我喜歡的事，人生夫復何求？

我找到了創造五成收入的那一%的工作，得以探索更多新點子、尋覓更多發揮創造力的機會、讀更多書、花更多時間和喜歡的人相處、一口氣看完《Lost檔案》（*Lost*）全系列影集，起碼看了六遍。不用再提供諮詢、不再擔任董事、不再有商務旅行（除非有排入私人度假行程），而且我還賺得比以前少！但我有更多時間做真正喜愛的事。

這種做法並非時時成功。其中幾年，我一無所獲；另外幾年，我賺了不少。有幾年我開始覺得緊張，懷疑自己是不是還能賺到錢。但我堅信五十比一法則的力量，過去九年來它發揮了巨大效益，沒讓我失望。

第十五章　先退兩步再前進

喬伊．科爾曼（Joey Coleman）想進特勤局、白宮或中央情報局工作，但不得其門而入。

「我來華盛頓特區讀法學院，然後打電話問特勤局。他們沒有雇用法律助理的計畫，不過倒是有一個大學生實習計畫。」

他應徵大學生實習的職缺，負責實習計畫的女主管打電話給他：「一定是有什麼誤會。你的資格太好了，這只是大學生實習計畫提供的工作，但你讀的是法學院。」

「沒錯，」喬伊說，「聽我說，我很樂意影印、端咖啡，做任何實習大學生做的事，但或許特勤局的法律顧問辦公室裡有人希望有個法學院學生來幫忙做研究。」

喬伊後來告訴我：「我希望讓實習計畫的主管有面子。如果她出現在法律顧問辦公室，說她有個免費的法律助理給大家使喚，那麼她就是提供了每個人都很需要的服務。而且不用錢！最糟的情況是，我只是一個大材小用的實習生，但我有機會見識一下特勤局在幹什麼。」

他得到了這個職位。而且特勤局的法律顧問辦公室知道自己可以差遣這個實習生做法律研究，都高興到不行。喬伊整個夏天都在幫柯林頓政府處理非常重要的問題。最重要的是，他通過了「祕密」等級的身家調查。他回法學院讀二年級時，打電話問白宮，發現他們真的有雇用法律助理的計畫，但應徵者大多來自於第一流的法學院：哈佛、耶魯、史丹福，都是菁英中的菁英；而且有上萬人來應徵，但他們只錄用七名學生。

「比方說，我並非校內法學評論刊物的編輯，」喬伊對我說，「我不認為自己有機會成為七名助理中的一名。」

「不過，」他繼續說，「白宮有個大學生實習計畫，所以我去申請。同樣的事發生了。實習生計畫的主管打給我說：『我覺得你不適合申請這項計畫，這是給大學生的。』」

喬伊回答她：「我知道。我很樂意當實習生，影印、歸檔、端咖啡，任何大學實習生做的事都可以。但你可以告訴白宮的法律顧問辦公室，你的實習計畫請到一個法學院的二年級生，如果他們有需要可以用，是免費的，這樣就多一雙眼睛幫忙做法律研究或準備案件摘要。他們果然亟需人手！那一年是美國大選年，政治情勢多變，忙得不可開交，他們非常高興有我幫忙。」

「而且，」他對那名主持白宮實習生計畫的女士說，「我已經通過『祕密等級的身家調查』，我知道每一個進白宮工作的人都必須通過『最高機密』的身家調查。既然我已經通過祕密等級的審查，要讓我過關會更容易。」

於是他以大學實習生的身分進白宮工作，即使他是法學院的碩二生。結果是，他那年大部分的時間都在白宮內部工作，進行法律研究，幫忙寫案件摘要。

「在那之後，我想利用暑期計畫進中央情報局工作，」喬伊對我說，「而且他們真的有法律助理計畫，但是跟上回一樣，很難申請上。」他有申請，強調自己已經通過最高機密等級的身家調查。「要進行最高機密等級的身家調查得花上幾個月，中央情報局要花費時間金錢去仔細調查一個人，還不如雇用我來得省事。」

他在中央情報局工作時，被網羅成為全職員工。「我很掙扎，」他告訴我，「我至少考慮了半年，最後還是決定去我爸的法律事務所工作，當刑事辯護律師。」做了幾年以後，他轉而開一家廣告代理公司，生意興隆。

時間往前快轉十年，我在二〇一三年認識喬伊，因為我們倆在同一場會議上演講。會議近尾聲時，聽眾可以投票選出最有價值的講者，優勝者將贏得三萬美元。

我那次講得不錯，但還不夠好，喬伊獲得壓倒性勝利。

「這只不過是我第二次公開演說，」他告訴我，「但我告訴自己，如果我贏了這場演說比賽，我就要當全職的專業演說家。」

他贏了，現在他已躋身全美最成功的企業演說家行列。

他的祕訣是什麼？「在演說前，我打電話給這場會議的主辦人傑森．甘揚（Jayson Gaignard），請他告訴我有哪些聽眾，叫什麼名字。

「我在當刑事辯護律師期間學到了兩件事：當你叫出某人的名字，就是在賦予對方人性。所以刑事辯護律師一定會叫當事人名字，而檢察官總是稱呼我的當事人為『被告』。當然，我還學到了一張照片的力量等於一千個字。」

所以，他在演說當中穿插了一個概念：「認識你的聽眾，認識你的顧客」是很重要的，他放映了一張投影片，上面有現場每個人的臉書照片。我記得有一張照片是我抱著我剛出世的寶寶，那是二〇〇二年，我的淚水湧上了眼眶。

每個人都投給喬伊。我跟他差太遠。他原本是律師和廣告代理公司的創辦人，一夕之間變成優秀的演說家。

那時我還在寫這本書，便告訴他本書的主題，他激動地大聲對我說：「我的事業，從頭到尾都是靠快速致勝之道達成的！」

以他的例子來說，他先落後同儕兩步，才得以快速致勝。兩次的實習職缺都是給經驗和教育程度比他差一階的人，但他接受了。這種做法並不只是現實問題，也很難對自尊交代，更違背了我們忠於原有部落、維持地位的天生本能。但如果你能往後跳一步，最後就能三級跳，把一步一腳印的同伴拋在後頭。

從企業執行長到大學足球隊教練

喬・墨里亞（Joe Moglia）有七年時間是德美利證券（Ameritrade）的執行長。他在位期間，公司的市值從區區七億美元增加到一百二十億美元。他的經營才能在華爾街幾乎無人能出其右，他為德美利證券的股東創造價值，最後把公司賣給加拿大多倫多道明銀行（Canadian bank Toronto-Dominion）。併購之後，公司成為道明德美利證券（TD Ameritrade），仍由他擔任執行長，而且他本來可以繼續留任，為自己創造數不盡的財富。

但是沒有……他於二〇〇八年三月辭職。「我不再感到期盼或興奮。」他對我說道。他發現自己人生最快樂的時期是擔任足球隊教練的時候。

他回頭尋找最初的熱情：運動。他小時候是運動健將，後來拿到教育碩士學位後，成為美式足球教練。他當了十六年教練，直到一九八三年卸下達特茅斯學院（Dartmouth College）足球隊的防守協調員一職，教練生涯才告結束。現在他想回去當教練，但他離開這一行已經二十五年，大家都對他說：「你辦不到！」沒人想聘請他，就算他曾經當過十六年的教練，之後是市值上百億企業的執行長也一樣。最後他去見博．佩利尼（Bo Pelini），要求這位內布拉斯加大學（University of Nebraska）足球隊的總教練，收他當助理。佩利尼說：「當然好啊！」

墨里亞每天會去看練球，做筆記。他研讀規則手冊，出席教練會議。他若有意見，會在足球隊會議上大聲說出來，否則就只是聽，默默學習。

二〇一一年，他成為奧馬哈夜鷹隊（Omaha Nighthawks，聯合美式足球聯盟〔United Football League〕旗下的球隊）的總教練，一年後以總教練身分加入卡羅萊納海濱大學（Coastal Carolina University）足球隊。他到職第一年，這支隊伍就在聯盟冠軍賽中奪冠，他獲封為「年度南區美式足球教練」。二〇一九年，他帶領球隊連贏六季之後，便正式退休。自從一九六〇年代開始，他一直想成為優秀的大學足球隊教練，現在如願以償。他任職於卡羅萊納海濱大學時，帶領球隊締造五十六勝、二十二敗的不凡紀錄。

若他滿腦子想著自身的階級地位，永遠不可能從一年賺幾十億的執行長位置上退休，屈居「助理」的位置，連「助理教練」都不是。

即使只是一個在意自身價值的念頭，都會阻礙你追求熱情，降低你成功的機率。**一定要盡量讓身旁的人非常有面子**。以墨里亞為例，他竭盡所能幫助內布拉斯加大學足球隊的佩利尼教練立於不敗之地。佩利尼為了報答這名六十歲的前任銀行執行長，悉心指點他如何成為一名傑出的教練。

到了那時候，他才有辦法往前躍三步，一圓夢想，在大學足球隊上當一名傑出的總教練。

第十六章　只要不倒下，搖晃也沒關係

我幾乎一開始就毀掉自己的事業。

一九九二年，在我進ＨＢＯ上班之前兩年，他們就找我做另一份工作，我真希望當時有接受這份差事。他們希望我做一個新領域：「虛擬實境」，但我一直沒回覆。我覺得做不來。

為什麼呢？

除非我覺得別人會喜歡我，否則我不想接「現實人生」裡的工作。我的自尊心低落，以為要讓ＨＢＯ這種地方的人喜歡我只有一個辦法，那就是出版一本小說。所以我寫了又寫，不停地寫。我寫了一本小說，取名為《奧菲斯記》（*The Book of Orpheus*）（老掉牙的書名，出自二十四歲小伙子之手）。這本四百頁的小說講述的那個人只出現在我最狂野的夢想裡，並不是真正的我。書稿被退回逾四十次——當初寫了一年多。我寫了另一本小說，書名是《大衛記》（*The Book of David*）（好啦我知道），講的是《聖經》中的大衛，不過是從另一個視角出發。

四十多次退稿。

我又寫了另一本小說：《娼妓、情色作家、羅曼史作家及他們的戀人》（*The Prostitute, The Porn Novelist, The Romance Novelist, and Their Lovers*）（是對《廚師、大盜、他的太太和她的情人》（*The Cook, the Thief, His Wife & Her Lover*）這部電影的諧仿）。

四十多次退稿。

我寫了四、五十篇短篇小說。被退了無數次。

我寫了一些中篇小說。我讀了幾千本書，還看過相關書評，因為我想要變得更好。

我很怕讓世界看到我兩手空空的樣子。沒人會喜歡我，沒有人覺得我很特別。我的自尊心實在太低，以為別人要是覺得我沒什麼特別，就會討厭我，更糟的是，不會有人注意我。女人會朝我吐口水。大家都會嘲笑我的點子。

一九九四年，那年我二十六歲，開始害怕自己永遠不可能靠寫作闖出一片天。我在工作上和感情上都很不快樂。雙方的溝通很困難，我應付不來，所以認定從這段感情中脫身的唯一方式，就是搬到紐約市。於是我答應去ＨＢＯ上班，儘管我尚未達成自身的目標：成為人人喜愛、尊敬的作家。我寫了好幾千頁稿子，卻沒出版過一本書。

幾個月後，我生平頭一遭來到紐約市。我穿著西裝，在ＨＢＯ大樓內找到自己的辦公隔間，放好東西。最初三個月，我老是出錯，公司不得不叫我去上電腦補習課程，儘管我大學時曾主修電腦科學，進研究所也是讀這個。

我是非常差勁的員工，我知道他們隨時可能解雇我。

我怕沒人會喜歡我，因為我沒有成為理想中的我，不夠「完美」。我總是想顯得與眾不同，否則就會被人「發現」是個冒牌貨。但是，一連好幾個月，我都在設法想出令人刮目相看的點子，最後總算想到了。那時HBO還沒有網站，沒有給內部員工使用的公司內部網路，大多數員工甚至不知道網路是什麼。所以，某個週末，我一連在公司待上四十八小時，建立了內部網路，在大約一百台機器上安裝了網路伺服器（Mosaic，是第一個瀏覽器，由那時仍在伊利諾大學就讀的學生馬克・安德森〔Marc Andreessen〕所發明）。全公司的人週一早上上班時，發現了這個新工具都非常興奮，徹底逆轉了我在公司的發展。

有人說：「完美主義是進步的大敵。」但這句話還有另一層含意。你必須願意腳步踉蹌，逐步取得成功。那時我二十六歲，內心膽怯，覺得自己沒資格在這裡上班。沒有一件事照我希望的那樣進行。我不是厲害的小說家，第一天上班就獲得眾人的讚許。我甚至不太符合這份職缺的資格。事實上，我對任何事都不了解。

我必須搖搖擺擺地進入狀況，跌倒了再站起來也沒關係，沒有預先演練到完美也沒關係。

擁抱恐懼，才能成長

萊特兄弟經營一家自行車店。很多人愛騎自行車。美國政府正打算斥資兩百萬美元，讓飛機飛上天空。萊特兄弟在小小的自行車店裡試驗，打算和政府一較高下，看誰先飛上去。

政府認為飛機必須直飛，否則就會墜毀。不能有不穩定氣流或一絲不完美，否則就會失敗。萊特兄弟原先也以為如此。但某一天，他們看到一個小孩正在學騎自行車。他跳上去，騎了起來，最初幾秒鐘搖搖晃晃，每次轉彎又開始搖晃，但很快就騎走了。他會騎自行車了。

他有搖晃！

萊特兄弟造了一架會搖晃的飛機。這架飛機可以飛。兩人創造了歷史，打敗花了幾百萬美元的政府。他們之所以成功，是因為一心只求進展，不求完美。

「進展」是快速致勝之道，「完美」代表你得排上很久的隊。

不要害怕搖晃。

你很難不害怕。一九五六年，約翰·甘迺迪（John F. Kennedy）出版了一本書《正直與勇敢》（*Profiles in Courage*），講述幾名歷史人物違背大眾的輿論，冒著失去家人支持的風險，努力捍衛內心的正義。這本書榮獲普立茲獎。一本關於八名勇敢的歷史人物的書，竟有足夠的分量奪得普立茲獎，說明了有勇氣是多麼難得的事。不顧眾人反目，依然捍衛自身的意見，抱著同情心與真知灼見奮力前進，深知自己的作為正在創造價值：這是真正的勇氣。

儘管如此，捍衛一己的信念，不在意他人的想法，仍然不容易做到。每個人自己會決定要戴什麼面具，要打什麼仗。人總有害怕的時候。

但要是你可以把恐懼轉化為成長，會怎麼樣？

↓**我每次錄播客節目都覺得害怕**：我生性害羞，擔心自己看起來很笨，來賓不喜歡我，擔心來賓朝我大吼，或覺得我沒準備好，或者聽眾討厭聽這個節目，或者我做得不夠好。每個來賓看起來都很厲害，使我膽怯。

↓**我每回創業都覺得害怕**：要是失敗了怎麼辦？要是別人覺得我是魯蛇，怎麼辦？要是我破產了，怎麼辦？破產以後，要是無法養活小孩，該怎麼辦？破產以後，要是沒人喜歡我，該如何是好？

↓**我每回表演脫口秀都覺得害怕**：我像個小丑一樣站上舞台，面對滿室的陌生人。要是他們不笑，怎麼辦？要是大家沒有抓到我說的笑點，而是嘲笑我，怎麼辦？如果有人大聲質疑我、討厭我，怎麼辦？更糟的是，要是全場鴉雀無聲，該怎麼辦？要是我把場子弄冷了，俱樂部裡其他喜劇演員和安排節目的人發現我很爛，怎麼辦？

→**我每次寫完一篇文章，按下「發佈」時，都覺得害怕：**如果要出版一本書，更怕。萬一反應不佳，怎麼辦？萬一有人認為我的寫作技巧大不如前，怎麼辦？（話說回來，我真的有寫過好文章嗎？）萬一有些人心想：「他這個蠢故事已經講了好幾年了。」怎麼辦？萬一有些人因為這篇文章而討厭我，在網路上張貼攻擊我的訊息，怎麼辦？萬一朋友反對我的意見，不肯再跟我講話，怎麼辦？萬一我喪失原有的技巧和才華，接下來的四十年都得盼望再次上手，怎麼辦？

每當我感到害怕，就問自己：這是我一直在等待的機會嗎？我是否有機會做沒人做過的事？

假如某項生意完全不用害怕失敗，我就不會去做。要是它那麼容易，早就有人做過了，不是嗎？我知道自己沒那麼聰明。

正是因為我害怕自己說出的話會讓別人有點難以接受，我才會發表演講或登台表演脫口秀。因為唯有如此，他們才會記得這場演講。倘若我沒有質疑他們的思考方式，他們根本不會思考我說過什麼。

正是因為擔心別人對我的看法，我才會按下「發佈」文章的按鍵。此時，我知道自己正講出別人沒講過的話，同時挑戰了讀者與我的極限。

傾身向前擁抱恐懼，才能夠造就成長。恐懼是催化劑，而你之所以按下「發佈」鍵、大聲說出來、嘗試新事物，或者脫離隊伍，都是為了成長。

第十七章　退出隊伍

強納森不敢相信有這種事。「他們把大家都解雇了，但沒給資遣費。」他任職的公司倒閉，發一封電子郵件叫大家捲舖蓋，鎖上大門，不接電話也不回電子郵件。員工在GoFundMe（美國一群眾集資平台）上面設立帳號，多少籌一點錢。我把連結分享出去，有幾個人捐款。

「你下一步要做什麼？」

「我不知道，」他說，「我在那裡待了五年，很喜歡自己的工作。我沒有B計畫。」

擬定一份B計畫

愛自己的工作固然好，不想辭職當企業家也沒關係。

你可以當一名「創業型員工」，運用創業的技巧和本書介紹的各種技巧，在自己的職位上發揮長才。

但你還是得有個B計畫。在四十年前，甚至十五年前，或許不需要。但聖地早已不復存在。此處不妨借用投資專家與作家納西姆．尼可拉斯．塔雷伯（Nassim Nicholas Taleb）的一句話：你必須「反脆弱」。

「脆弱」是你被解雇後就一蹶不振，意志消沉，變得身無分文。

「有韌性」是你遭到解雇，但你的存款還夠生活半年，而且你穿上西裝去應徵新工作，四個月後找到了工作。薪水雖然稍低，通勤時間也變長，但你挺過去了。

「反脆弱」是你遭逢嚴重打擊，但你克服了難關，變得更加強壯。你得有讓你反脆弱的B計畫。再說一次，你不想被解雇，但若是發生了，你可以很快恢復元氣，而且比先前更強大。

為什麼？以前的人習慣找一份穩定的差事。我祖父一九四一年開始上班，一九七〇年代退休時獲贈一塊金錶。但正如塔雷伯所說：「最容易上癮的三種東西是海洛因、碳水化合物和穩定的薪水。」公司說變心就變心，才不關心你或我的死活。

再給你一個擬定B計畫的理由？

除非你在一家創業型企業裡工作，不斷學習到哪裡都吃香的技能，而且公司明白你創造的價值，給你相對等的待遇，否則你去或留全憑老闆一時的喜惡。大多數人離職的理由是「缺乏賞識」，意思是老闆看他們不順眼。喏，這就是她，緊抓住職位不放，眼看著年輕人一直在學習新技能、工作時間更長、家庭責任更少。她怕你，她阻擋你邁向成功與幸福，而且她為求暫時保住自己中產階級的地位，不惜讓你背黑鍋。

說到中產階級：現今二十五到三十四歲上班族的平均薪資已經三十年沒調過了。實在可恥，因為醫療保健費用飛漲，而學生貸款（尤其是這個年齡層的人深受其害）漲得更多。企業知道年輕人被迫要按月償還這筆鉅額債務，否則政府就會強制執行扣薪。而且由於網路興起，越來越多的工作變成自動化，使得企業更有效率，更不需要雇用人力。

老闆知道這個趨勢，員工也知道，所以他們就用這種方式壓低薪水。在過去，年輕人會開公司，引導創新，帶動下一代改變的力量。但再也不是這樣了。中產階級被壓得慘兮兮，想逃離這種處境必須培養更多興趣和技能，加入不同的階層組織來衡量自己的成功，再想辦法用最快的速度跳過排隊行列，這樣你就不會因為民生物價全面上漲而一籌莫展。

如果上述理由還無法說服你，不妨想想：五個美國員工裡面有兩人認為工作是害他們變胖的罪魁禍首。他們整天坐著吃零食，而且忙到沒空利用雇主提供的員工健保方案（六三%的員工表示並未加入公司任何一項健保方案）。根據美國衛生保健費用研究所（Health Care Cost Institute）公布的資料，二〇〇七年至二〇一六年間，有健康保險身分的員工花在醫療保健上的費用增加了四四%。

為什麼？

我不知道。我只知道最後的結果是：員工繳納更多健保費，健康狀況卻變得更糟。在承平時代，工作不能給我們多少安慰，但我們在新冠肺炎肆虐與隨後的封城期間，學到了慘痛教訓：工作也無法在艱困時期給我們保護——有了工作，我們仍可能感染致命的病毒，而且對很多人來說，工作甚至沒有提供足夠的醫療福利，他們花太多錢治病，有可能因此破產。

一份工作無法保護你。人只能運用自身的能力來保護自己，亦即有能力發掘新的興趣、為人生找到新的意義、很快掌握新事物的訣竅，以養活自己和家人。

如果你還是不確定自己是否準備好開始進行實驗，擬定一份B計畫，先回答以下幾個問題。如果逾半數落在「是」，你就有答案了。

- 它會改善我與他人的關係嗎？
- 它會增進我掌握某項興趣的能力嗎？
- 它會讓我更自由、更有能力，每天為自己做出更多決定嗎？

你上班時被迫跟其他人做朋友，只因為你跟對方的辦公桌之間只有一層隔板。你上班時只能在公司指派給你的小範圍業務裡，增加一些技能。

你上班時得遵守服裝規定、和異性說話的規定、何時上班的規定、每年五十個星期當中必須從事何種活動的規定，甚至准許你帶什麼東西回家的規定（不准偷迴紋針！）。

一份工作幾乎不可能滿足上述三個條件，而依據正向心理學家的說法，這三項條件是構成「健康快樂」的要素。

所以你要怎麼開始？

慢慢跨出步伐

試著探索各種副業，並且透過傳統的就業市場或承攬模式，或者跟隨你的好奇心或嗜好，踏入嶄新的領域，清楚了解自己在他人眼中具備何種價值。嘗試不同的副業：製作線上課程，或者去上攝影課或其他課程，只要是你感興趣的主題就可以。你有什麼擅長的事嗎？自行出版一本書，針對你喜愛的主題做幾支影片，上傳至 YouTube 頻道。

到了一九九七年，我架設網站的副業進展得很順利，於是我辭去 HBO 的上班族工作，開始全職經營副業。之後，我擴大規模，把它變成公司，最後賣掉這家公司。

史蒂夫．史考特（S. J. Scott）針對「習慣」寫了幾本書，在亞馬遜上自費出版。他剛出書時心情沮喪，什麼事也不做，在長沙發上睡覺。現在他每個月賺進六萬美元。

漢娜・迪克森（Hannah Dixon）擔任遠端助理（virtual assistant），有一份全職收入，同時在世界各地旅遊，寫出自己的經歷。

我有個朋友辭去工作，針對飲食習慣在網路上撰寫通訊稿，取名為《耶穌會吃什麼？》（*What Would Jesus Eat?*）（答案：基本上是地中海飲食），如今定居於哥倫比亞麥德林（Medellín），住在三層樓的別墅裡。（點子結合：《聖經》＋飲食法）

我談過話的對象裡面，很多人從此放棄原先的工作，改做「零工經濟」的工作，而且這樣的人逐漸增加。

從小處著手，先挑容易的做。不要給自己太大的「創業」壓力。先學習技能，找個客戶，擴大規模，重複。

多元化經營

沒人可以靠一份工作致富，你無法打造真正富有的人生。

前文提過，千萬富翁平均有七種收入來源。這一點很重要，原因有二：

1. 一份工作只是一種收入來源，但如果你每週花上五十小時工作（四十小時加上通勤時間等等），就沒有時間賺取其他收入了。

2. 更有趣的是，成為企業家只是一項收入來源。

若你想成為企業家，盡力一試吧！你有個願景，有個客戶，有生意概念，有利潤（這樣就不需要創投公司的救濟金），而且你知道要怎麼賣掉公司。但你隨時可以提供更多種服務。有件事很重要，請牢記：你手上最棒的新客戶就是老主顧。意思是，如果你想賺得更多，無須尋找全新的客戶，最好設法提供更多項服務或產品給老主顧。

我的朋友馬文在環遊世界時，成為一名遠端助理。他為幾位客戶預訂旅遊行程、餐廳訂位、提醒客戶各項排程等等。

他想要提供一種新服務，於是打給每一位客戶（都是公司的執行長），對他們說：「你在社群媒體上還不夠活躍，你的競爭對手整天在上面曝光呢。」他們就會說：「好，但我不用請一整個團隊來經營社群媒體嗎？」馬文就會說：「不用。我每天先在你的ＩＧ上多貼兩張相片，你覺得怎麼樣？如果你覺得不錯，我們再來思考接下來要怎麼做。」

這些客戶全都說好。他著手進行，向每一位客戶加收五成的費用。覺得滿意的客戶要求貼出更多相片、發表推文，甚至在領英和部落格平台 Medium 上面發佈文章，於是馬文開始寫這些東西。有時候，他把這些工作外包給印度當地的寫手（以二十分之一的價錢）。幾個月後，他增加了一倍收入，履歷上多了一項頭銜：社群媒體經理。

然後他又增加了一項服務。其中一名客戶對他提起自己的夢想：和搖滾歌手布魯斯・史普林斯汀（Bruce Springsteen）見面。馬文說：「我會幫你做到。」馬文查了一下，發現史普林斯汀預定在某個慈善場合表演。他向客戶表示可以安排他出席這場活動，但是要收取「安排服務」的費用，而非私人助理的一般費用。客戶說：「那是一定的！」於是馬文致電每一位客戶，逐一詢問他們是否有意願跟史普林斯汀一起吃晚餐。約莫半數的客戶說有，馬文說：「太好了！但我必須收取安排服務的費用，而不是平常的助理費用。」他們都說：「那是一定的！」沒多久，馬文的年收入增加了三倍。

我知道這則故事，因為我就是他服務的其中一名執行長，後來在訪談中和馬文也聊到此事。

另一種多元化經營的方法，是加入更多的組織，提升你的「階級地位」。對一份傳統的工作來說，職銜和升遷是頭等大事。我看到朋友被升為資深程式設計分析師時感到嫉妒，我認為自己比他厲害，卻只是初級程式設計分析師，但他的年資比較久。之後便是專案副理、專案經理、總監、副總裁、資深副總裁，然後是一大串其他的頭銜。

每個人都有個位階，就像在軍隊裡一樣。而且每個人都得尊敬位階更高的人。很討厭。我們又不是猴子，但其實我們就是。

每一種靈長類動物都會因自己在部落內的位階上升或下降，分泌出不同的神經化學物質。身為人類最大的優勢在於我們並不侷限於一種部落，所以我們大可多元化發展自身的「階級地位」。

金錢可能是一種階級體制。很多人認為資產淨值帶來更高的自我價值，但對我而言，我在破產時才體認到：**自我價值帶來更多的資產淨值**。

高爾夫球計分可能是另一種階級制度，或者ＩＧ上面的按讚數、創意專案得到的評論，甚至在學習網站上獲得的技能，都各自形成階級制度。

職場上也有階級，就好像一群猴子組成的部落。但你離職後，就可挑選另一種階級，選擇你要的地位。

每當人生某個面向出了問題，使我心情消沉，我便專注於幾個有希望改進的面向。一旦提升到讓我滿意的地位，我便有了重新出發的勇氣。

給大腦帶來幸福感受的化學物質，如血清素、腦內啡（缺乏這兩種物質是導致憂鬱症的主因）和催產素，都跟你在階級組織內的地位有關。別死守在一個部落內，你才能夠擺脫猴子的命運，有更多機會提升你體內的幸福化學物質。

我以前常做當日沖銷交易。當沖交易多半不太妙，可能讓你賠錢，導致神經化學物質的分泌全都出錯。但因為我並非一週工作四十小時，我有時間健身（增加腦內啡和更持久的耐力等等），我有時間進行創意專案（另一種提升地位的階級制度），我有時間寫作、找地方發表文章（為自己培植另一種事業），或者就只是更常下西洋棋（提高我在西洋棋世界的位階）。

多元化不只是分散風險的「股票投資」策略，它也是「投資幸福」的策略，但是若你有全職工作，很難運用這項策略。

拿回屬於你的時間

一般八小時的工作意謂著你一天頂多工作兩小時，其餘時間用來坐在那裡開會、跟你不喜歡的同事聊天、趁休息時間喝咖啡、通勤，還有單純放空。我還是上班族時，就在想雖然每週工時是四十小時，一般人其實只花十小時在工作，剩下的三十小時大多浪費掉了。一週三十小時，五十週是一千五百小時。這一千五百小時，我想要用來：創業、寫書、學習新技能、和家人在一起、玩遊戲，或者做任何想做的事。

有生產力並不是坐在辦公桌後面，好讓你升職。

有生產力是運用時間，打造一個更棒的自己。

第十八章　成為創業家

有一回，我做了一系列實驗，一口氣做出九種不同的網站，想看看哪個網站會在推出後越來越受市場歡迎。我打造了一個有很多種智力測驗的網站（大家似乎一直喜愛測自己的智力，樂此不疲），還打造了各式各樣的交友網站，包括專門鎖定吸菸族群的交友網站。

沒成功。

另一次，我開了家公司，為房屋仲介公司提供他們正在銷售的房屋的影片。

還有一次，我開了一家茶公司，之後又創立饒舌品牌、服裝系列、競拍生意。

早在簽帳金融卡盛行之前，我就開了一家簽帳金融卡公司。我開了一家外送公司，替鎮上每一家餐廳送餐。那時網路尚未盛行。我負責銷售，要接電話，要送貨。

我討厭這些事。我想寫小說，我非常在意別人對我的看法。我希望大家都把我看成藝術家。

我有次問NBA達拉斯獨行俠隊老闆馬克・庫班（Mark Cuban）內心有什麼樣的熱

情，讓他努力追尋，所以才賺到錢。

「錢，」他說，「我只想賺很多錢，這就是我的熱情。」

給新手創業家的提醒

從我初次創業至今，已經過了三十四個年頭。我學到了些東西。我看過年營收數十億的公司在幾天內倒閉，也見過有人用幾億美元買下最匪夷所思的公司。

做生意真的不簡單，你很難及時找到賺錢的空隙，結合天時地利，來創造財源。

我上次開公司是在二〇一五年。我們沒有接受資金挹注。去年，這家公司的營收達六千萬美元。

成為創業家以後，你的人生會有震動。

你會從每半個月領薪水的那種人，變成有捕獲到獵物才有東西吃的那種人。不用擔心，一切都會沒事的，只是你必須光著身子進入叢林，還要能夠活著回來。

一九九七年以後，我沒再領過固定的薪水。我學到一些教訓，以下幾點是新手創業家容易犯的錯誤，希望能夠幫助你避開它們。

服務 vs. 產品

我首次成功的事業是一家代理公司，美國運通是我們第一個大客戶。他們公司需要有網站。那是一九九五年。

我一貧如洗，跟另一個傢伙同住一間不到兩坪的房間，後來發現他沒繳房租，我們就被趕出去，即使我一直都有付租金給他。美國運通付了二十五萬美元給我們公司，公司成員只有我妹夫和我，我們做好網站，五五拆帳。我寫了一個軟體來幫忙，我們幾乎是一夜之間做完六萬個網頁。然後我架設好網站，好讓他們檢查，在每個網頁上留註記給我。我絕口不提寫軟體的事，擔心別人認為我做事不夠賣力，因為只要完成軟體，一切就簡單了。

真是個白痴！

WordPress 是幫助企業做網站的軟體，我做出的軟體基本上和 WordPress 差不多。WordPress 值數十億美元，而我只賺到二十五萬。

產品一定比服務更有價值，我那時不明白這一點。我不知道軟體的規格可加以擴充，因此華爾街給它更高的估價。我心想：「他們重視利潤，要是別人知道這個做起來很簡單，我就會賺得比較少。」我錯了。

最好的新客戶和老主顧

我做完ＨＢＯ的網站以後，繼續替另一家娛樂公司建置網站。我一直在銷售、銷售、銷售。我那時應該打給ＨＢＯ說：「我想我有辦法幫你們解決軟體的問題。」我一直替他們把業務做得很好，合作愉快，公司裡上上下下的人我幾乎都認識。但我做完這項工作後，就繼續找新客戶。

現在我不會這麼做。以我的播客為例，我不太常找有名氣的新嘉賓來上節目。我覺得要找到相處融洽的好嘉賓不容易，在錄製節目時，我很少可以立刻和對方建立友誼。現在我知道，如果是上過節目的好嘉賓，我隨時都歡迎他們回來當新嘉賓。

人生是拿來活，不是拿來賣的。

「人和」最重要

我有個朋友跟我抱怨某人，此人有可能成為他的合夥人之一。「婕西應該要去那裡幫忙，」他說，「她甚至沒有打電話說一聲。我會再給她一次機會。」

我對他說：「為什麼？絕對不要再打給她。人的行為會讓他們現出原形。」

「但也許我可以教她，訓練她。」

「她有要求你訓練她嗎？」

「我知道，我知道，」他說，「但再給一次機會不好嗎？」

「好在哪裡？」我說。

「就是比較好啊。」

不，不是這樣。百分之九十九以上的人不會改變。也許對方不是壞人，也許你們雙方的人生待辦事項就是不一樣，注定沒有共事的緣分。

有次，我幫一個朋友做某家公司的盡職調查[7]，那家公司是當紅炸子雞，被稱為「快餐車界的 Uber」。但我耳聞幾名合夥人和投資者在電話裡吵得很兇。

我對朋友說：「別投資。」

他說：「大家都愛這個產品。」

「行不通的。要是這兩個創辦人會在陌生人面前爭執，想想看他們每晚入睡前想到對方是什麼感覺。」

7 編按：Due diligence，在簽署合約或是其他交易之前，依特定注意標準，對合約、交易相關人或公司進行的調查。

那家公司半年後倒閉。

人身上有一股能量。我結識你，你結識我，彷彿我們了解對方，能夠把對方沒說完的句子接下去。

或許不行。

並非每個人都和我有一樣的價值觀，或有同樣的人生待辦事項。沒關係。

我曾經有個老闆，是我非常欽佩的人。我一度認為他是英雄，猶如我第二個父親。但我們每回共進晚餐後我就覺得身體不適。現在我知道原因了，腸道是人體內除了大腦以外，唯一一個有神經化學物質（血清素）的器官。如果你的腸道說不要，要聽它的話。否則你會浪費時間，最後反目成仇，還損失金錢。

公司是很多人組成的。**你的公司絕不會因為產品而倒閉，只會因為請到惡劣的員工而倒閉。**

承諾更多，交付更多

說到「承諾更多」（overpromise）時，有好幾個人寫電子郵件給我：「我要糾正你一個地方，我想你是要說承諾不足（underpromise）。」

不，承諾不足是在撒謊。別對你的顧客說謊，不要對任何人說謊。

假如人們說二十天可以完成工作，但我知道五天就能完成，於是我會說五天，並且在四天後交付工作成果。

首先，其他人說二十天，都是在撒謊。你透過說實話（五天）獲得這份工作，而且你挑戰自己的極限，逼自己四天完成。

你變成更好的人。客戶一輩子跟定了你，而你鍛鍊了超越自我期望的肌肉，否則你就會像其他人一樣平庸。

別甘於平庸。

用快速省錢的方式執行

一開始先別浪費時間打造產品。如果有人想要體驗你打算提供的產品，先把你的服務賣給他們（稍後就會演變成一項產品）。只要找到一個顧客。執行一個點子就先從這名顧客開始，無須製造產品。

這名顧客可能付錢給你打造這項產品，但除非有人說：「好，我想要它！」點子才會成真，否則可能是個爛點子。

一門生意是沒點著的火柴。你要想方設法把它點亮。火柴點燃以後，你會用新的角度看待你周遭的世界。如今這個世界裡，有你的事業。

每天做實驗

我在金融界開創了社群媒體的事業，我們每天都增加幾樣新特色。

我每一天都為自己的公司、職涯與創意嘗試不同的做法。好比大部分的科學實驗都沒成功，高達百分之九十九的實驗是行不通的。然而，一旦某項實驗成功，你的人生就此不同。如果你從來不做實驗，你的人生永遠不會改變。

我同意表演脫口秀，人生改變了。

我同意花錢在紐約計程車上刊登廣告。

沒錯。我在紐約市計程車的後座螢幕上買廣告，當作試驗。廣告畫面是一張照片，照片裡的我拿著杯子，杯子上也有同樣的照片。這些廣告上沒有一句標語或品牌主張，也沒有顯示任何網站或電話號碼，沒有行動訴求，沒有品牌塑造，我只想看看會發生什麼事。

「你為何要這麼做？」廣告公司的人問我。

「這是個實驗。」

「至少把網址放上去。」

「那就毀了這個實驗。」

不管是誰都可以在計程車後座登廣告，但我想把它弄成「反宣傳」，這樣大家反而都會注意到，說：「這到底是啥？這傢伙是誰？」如果感到納悶的人數夠多，它便可能獲得媒體的關注。媒體的關注等於免費宣傳。之後就會有更多人開始注意到這些奇特的廣告，屆時若我真的要宣傳某樣東西，比如說這本書，我就能進行宣傳，贏得每個人的注意力。

我不知道這個實驗是否能成功，但就算失敗我也不介意。而且我在過程中不斷學習。有個人在街上攔下我，說：「嘿！你就是計程車上那個傢伙！我的八歲小孩很愛你。」然後他跟我一起自拍，透過簡訊傳給他的小孩。

這麼看來，這項實驗在某些方面已經成功了。

在產業中發聲

我著手成立一家創投公司時，不想跟其他一萬個人走一樣的路。

我盡可能多方了解這個產業的眉角。我並非科班出身，沒有哈佛企管碩士學位，不曾在高盛集團公司上班，一開始是在某家有點歷史的創投公司當實習生。

所以，我讀完了每一本找得到的書，聽良師益友的話，學習、學習再學習。之後，我把那陣子學到的東西寫下來，每天都寫。很快的，人們想要讀我寫的東西。我為《華爾街日報》、《金融時報》撰寫文章，接著寫書。一開始，要求別人聽你說話很困難，但我已經培養出獨特的創見，很多人想聽聽看另一種觀點，和電視上常聽到的屁話很不一樣。

大家開始知道有我這個人，想聽聽看我的公司在做什麼。公司持續成長。

未來就從現在開始

我認為基因體學（genomics）即將改變世界。十年後，你看到的醫療保健一定和今日大大不同。

但科技尚未出現，或許是五年後，或許十年。我也不是基因體科學家，或任何一種科學家。那又怎樣？我才不會因為「目前沒有這樣的科技」或「我不具備資格」就裹足不前。

現在做生意有很多種方式：

- 設立避險基金，投資新創公司；或者為挹注資金給這類公司的避險基金提供建言

（寫份報告）。

- 針對你在尖端科學會議上看到的現象，寫一份產業通訊稿。
- 寫一本有關科技的書。開個播客節目。以基因體學的未來為主題，發表 TED 演說。

別抱怨，也別說：「我不夠資格。」或「還早得很呢。」

若你對某事具備熱情，現在就能找到商業機會，那麼你就會是第一人，你會成名。

別失去理智

我有個朋友打算開一家公司，既期待又興奮。他很聰明，是個天才。他會觀察一家公司，告訴我它是否有可能賺錢——除了他自己的公司之外。

依我的說法，他有「失去理智的偏見」，太喜歡自己的點子，因而喪失理智。他覺得它很棒，別人怎麼勸他都沒用。

每當我開一家公司，必定每天問自己：它的產品（或服務）好嗎？它解決了什麼問題？誰真的想掏錢出來買？

這是**真實存在的**偏見，而且只要是人，就免不了有這種偏見。你只能盡量克服它，但你非對抗它不可。

列出所有選項

太多人有了某個點子就想：「這是我的生意。」

我的策略是（你猜到了）：拿很多點子來實驗。別貿然開公司，一下子投入你所有的資源。

別浪費你寶貴的人生為單一想法付出全部心力，哪怕只是一年。

華特・迪士尼（Walt Disney）製作了一些有史以來最棒的動畫，我最愛《白雪公主與七矮人》（*Snow White and the Seven Dwarfs*）和《灰姑娘》（*Cinderella*）這兩部作品。但迪士尼是靠米老鼠手錶賺進第一筆財富，那時正逢經濟大蕭條時期。（見第十九章〈輻條和車輪：任何東西都可以變成錢〉。）

每天列出你手上的選項，每天鍛鍊可能性肌肉，一天想十個點子。

建立屬於你的社群

現在就整理你的電子郵件通訊錄。某一群人有興趣傾聽你的意見，要跟這些人保持聯繫。

你只在有獨特見解時才說話，否則傾聽就好。

我至今獲得不少有關創業的建議，就屬這個忠告最重要。二〇一二年，我著手彙整通訊錄名單，名單上有我的家人、朋友和顧客。這種方式幫助我賺進大筆財富。

但最要緊的一點：**只和好人打交道**。點子要多少有多少。

但沒有人只靠自己的力量就成為富豪。有時候，你需要一支超級英雄團隊，一起幹一番事業。**單打獨鬥極難有大作為**。

第十九章 輻條和車輪：任何東西都可以變成錢

我以前從未想過自己有辦法靠寫作賺錢。假如我那時知道「輻條和車輪法」，也許我就能夠用更聰明的方法來開創各種不同的事業，並了解到努力培養了某項技能後，可以運用很多種方式來靠它賺錢。多年來，我天天寫作。我寫部落格文章、為某些刊物寫稿，再來是寫書，依此類推。

多年來，我天天投資。最初，我靠當沖交易賺錢，之後代人操作交易，接著投資別的交易者，依此類推。

貝佐斯在亞馬遜上賣書，後來開始賣衣服，接著賣起了電子產品、食物。然後他擺脫了原先的限制，把自家的物流和貨運基礎設施拿出來賣，於是亞馬遜賣家計畫誕生了。之後他又再次突破限制，創造出雲端運算服務，這個廣大的電腦雲端基礎建設是他為了經營亞馬遜而鋪設，所有賣家均可在此租用空間，發展自己的生意。

喬治・盧卡斯（George Lucas）先是靠《星際大戰》（*Star Wars*）賺錢，之後從根據電影開發的玩具賺到錢。之後，他拍攝續集。接下來幾本和《星際大戰》有關的書問世。之後是漫畫。現在這門特許經營事業（由迪士尼持有）因推出《曼達洛人》（*The Mandalorian*，取材自《星際大戰》的真人電視影集）的衍生商品大賺其錢。依此類推。

假如你還沒有利用輻條和車輪法來賺錢（或吸引更多觀眾、創造品牌或藝術），你正在喪失優勢。

你最主要的點子是車輪，車輪上有很多根輻條。每一根輻條都可以用來賺錢（或建立品牌、累積觀眾，端看你的目標是什麼）。打個比方，你的興趣是投資，但你不想成為專業投資人，只想創作跟投資有關的內容。此時「車輪」是什麼，「輻條」又是指什麼？如果你沒有利用到每一根輻條，就可能錯失賺錢的機會，也可能錯過建立品牌和更大平台的機會。投資是車輪。輻條是什麼？我要用上述的例子來描述輻條，以及把它們變成金錢的方式：

- 部落格：很難換到錢，但你有機會把部落格上的貼文同步發佈到其他平台（領英、哈芬登郵報、部落格平台 Medium、問答網站 Quora、投資網站等等），一步步建立你的品牌。這些都是有助於壯大品牌的輻條，而「部落格」是第一根輻條，「投資」是車輪。
- 社群媒體：ＩＧ、臉書、TikTok（抖音國際版）、YouTube 頻道。你需要大批觀眾才有辦法在上面任一平台賺到錢，但透過這些平台，你更有機會認識不同類型的觀眾，與他們互動。如果你不在上述任一平台進行互動，就失去累積更多觀眾的機會。倒也不要緊，你沒必要和每個人聯繫，也不是每一位觀眾都適合你，但你最好知道這件事。

- 播客：有幾種方式可以靠播客節目賺錢。現在把播客節目想像成車輪，以下是它的輻條：
  1. 廣告
  2. 贊助商
  3. 群眾集資網站 Patreon（粉絲出資，以觀看額外的內容或獲得獎項）
  4. 聯盟交易（也適用於部落格）：你替某人打廣告，附上對方產品的連結，若有人透過你的播客得知產品資訊，並且購買，你就收取費用。
- 電子郵件名單：免費請大家看一篇特別報告，收件人只須提供電子郵件地址給你。現在他們可以收到你所有的內容，不管你是貼在哪個平台上。如此一來，最感興趣的這批讀者就能享用這些內容，不必花力氣上網搜尋。

上述四種方法比較像是用來建立自身品牌的輻條，但也可以用來賺錢。

- 線上課程。
- 網路通訊稿：假如你的通訊稿定價是每月二十美元（包含了更具價值的內容，是你的免費部落格所沒有的），有兩千人訂閱，一年大概是五十萬美元。如果上面這些輻條逐漸見效，開始有一群人愛讀你真實可靠、觀點獨特的文章，那麼，兩千名訂戶絕非難以企及的目標。線上課程也是同樣的道理。
- 付費的臉書社團：我一直很佩服約翰・李・杜馬斯（John Lee Dumas），他是《火力全開的創業家》（*Entrepreneurs on Fire*）播客節目主持人，對播客有極高的熱情。他在臉書上成立了一個很棒的社群團體，讓播客主持人在社團裡交換心得、聯絡感情、提出問題等等。他收取入會費兩千美元，目前有兩千四百個成員。
- 商品化：品牌建立之後，你便可製作商品（例如：「投資歷史上的今天」日曆、印有巴菲特頭像的T恤、印上股票代號的馬克杯等等）。
- 書。
- 電視節目：電視圈和電影產業常用的商業模式是參考受歡迎的播客節目，並買下電視或電影版權。
- 公開演說：一旦你真實表達的意見逐漸獲得回響，演講的邀約就會上門，一開始是免費，之後便可收費。

- 諮詢。
- 設立避險基金，或從事相關業務。
- 當沖交易。

可能還有其他做法。但每一種類別，配上每一種生意點子，把點子想成是車輪，開始發揮創意，逐一列出有可能性的輻條，像是播客節目本身便可成為車輪，發展出更多輻條來賺錢。

例如近藤麻理惠有一套用於居家整理的「怦然心動整理術」，這套有助於達成簡約居家生活的整理方法是她的獨門技巧。儘管她對於簡約乾淨有獨一無二的看法，「怦然心動整理法」仍是點子結合的產物：日本的神道教對於乾淨的信念＋現代的簡約觀念。她本身的例子說明了，十二到十五歲的青少年可以透過啟發你的事物找到人生的目的。麻理惠在那個年紀時，放棄了當班長的機會，寧可當「書架管理者」，因為她對於整理班上的東西有一份痴迷，最愛把書本分門別類。之後，她運用點子結合，把這份痴迷發揚光大：她對神道教有興趣，也非常喜愛簡約風，兩者結合起來可謂合情合理。她在神道教的神社當了五年見習祭司，而她十九歲還在大學攻讀社會學時，就開了一家收納諮詢顧問公司。事實上，她的畢業論文寫的就是「從性別的視角看整理術」。「怦然心動整理術」是她的車輪，其中幾根輻條是：

- 書：《怦然心動的人生整理魔法》在三十多個國家賣出數百萬冊。
- 電視：在網飛播出的節目《和麻理惠一起整理》（*Tidying Up with Marie Kondo*）。
- 電子郵件名單。
- 推出商品：你可以去她開的商店買特殊的抗藍光眼鏡、用來分類的家居收納盒，還有很多其他小物。
- 線上課程：她開設有結業證書的課程，培訓完的學員具備收納師資格，可運用「怦然心動整理術」幫人整理家居。一套課程兩千美元。
- 公開演講。

儘管我相信她靠幾本書就已賺進數百萬美元，電視節目的收入也不錯（雖然不算太多，這陣子做節目要賺錢絕對沒有想像中容易），但真正讓她大賺一筆的管道，應該是一套兩千美元的認證課程。某個熟悉這些數字的人跟我提到，自從她的節目在網飛上播出後，這套認證課程很可能已經為她賺進三千多萬美元。

就算她沒有採用「車輪與輻條法」，也可能做得不錯。她看待事物的角度很特別，很有感染力，而且她以平靜恬淡的態度表達出來，顯然深受神道教的薰陶。很多讀者愛上了她，她的點子和書籍銷售數百萬冊。但是，善於運用各種輻條：公開演說、上電視、推出商品、提供諮詢（繼而引導出認證課程），卻可能讓她身價翻漲好幾倍。

不做實驗，就找不到車輪和輻條

「輻條和車輪法」是創造多元化收入的絕佳方式，讓你不再受制於單一的收入來源，也沒有任何一個人、組織或群眾控制得了你。

儘管近藤麻理惠的書大獲成功，但萬一出版社不想再出另一本書了呢？沒關係！她有電視，有其他的社群媒體，還有諮詢服務，最後她還有線上課程。而且所有的輻條都有關聯。假設她再也沒機會上電視節目，沒關係！她有一份電子郵件名單可以行銷。

不論你有什麼樣的商業點子或興趣，都可以趁鍛鍊可能性肌肉時，把握「一天十個點子」的練習，把這些點子和興趣可能向外發射出的每一根輻條，統統寫下來。你會發現機會多到令你訝異，而且要做實驗也很容易。

舉個例子，近藤麻理惠若想和網飛簽約，沒必要錄好十二集節目。她只要寫一份提案，開幾次會。這個實驗滿容易的。她要開店賣家居收納盒，也不必先委託製造廠，生產幾千個。或許她可以先貼出一張收納盒的照片，看看有多少人願意訂購。假如有不少人下訂單，她便可找一家製造商生產，大批訂單很可能有折扣。假如訂購的人不多，她可以取消已成立的訂單，退錢給對方。

任何事都可以做個實驗來測試。沒有好壞之別。有些實驗會成功，有些不會。**沒人記得哪個實驗行不通，而成功的實驗能幫助你建立自身的品牌**，把興趣變成金錢，創造更多機會。若你不做實驗，就無法找出可用的車輪和輻條。

如今沒人記得迪士尼的第一家電影公司 Laugh-O-Gram 以破產收場。迪士尼認為動畫是未來的趨勢，便投入全副心力。他找人投資、雇請朋友幫忙做了幾部十二分鐘的電影，聽好了，是以童話故事為本。這幾部卡通先在地方電影院播映。反應不夠好，收入不敷成本。儘管「咆哮的二〇年代」[8]才剛開始，他仍決定放棄，宣告破產。他為這家電影公司拍的最後一部電影是十二分鐘版本的《愛麗絲夢遊仙境》（*Alice's Wonderland*）。他很快成立了新的電影工作室，這次以他的名字命名，搬到好萊塢，同時設法找人買下《愛麗絲》。他接到第一份訂單後，便說服摯友從堪薩斯市搬到洛杉磯，然後神奇的事就發生了。

8 譯注：一九二〇至一九二九年間，一次大戰後的美國社會快速復甦，經濟繁榮。

果真如此嗎？《愛麗絲夢遊仙境》進一步發展成一系列卡通，此時迪士尼開始做以齧齒動物為主角的系列卡通。迪士尼的太太莉莉安（Lillian）想出了「米老鼠」這個名字。這部充滿可愛角色的卡通首次播映時，票房慘兮兮，沒人想看。經濟大蕭條快開始了。迪士尼十年前投入動畫產業，八年前成立第二家公司（歷經一次破產），卻在一九三一年十月因壓力過大而崩潰。當你投入全部的心血和精神做一件事，卻怎麼試都不成功，連收支都無法打平，實在難以承受。

他一直製作出好電影，甚至因短片獲得奧斯卡金像獎，但迪士尼這家公司撐得很辛苦。他們接商業廣告、拍短片，也拍預算較大的電影，開始嘗試運用輻條和車輪法，最後某一根輻條發揮了威力，讓公司起死回生，也讓迪士尼成為歷史上赫赫有名的人物。他們做了一款手錶。一九三三年，他們把米老鼠圖樣放在錶面上。一九三四年，迪士尼賣出了一百萬支售價三・七五美元的手錶，挽救了公司，終於帶來獲利。現今，迪士尼製片公司（Walt Disney Productions）是美國最大的手錶公司。

不消說，迪士尼在接下來幾年內增加了許多根輻條：劇情長片、電視節目製作、遊樂園、書籍、生產更多商品等等。他們從最主要的點子出發：一個動畫卡通角色，然後盡可能加上更多輻條，但只有一根輻條（手錶）出奇制勝，讓他們瞬間嘗到成功的滋味。如今迪士尼是全球首屈一指的娛樂企業，但如果沒有輻條和車輪法，他們未必能成功。

第二十章　打造百萬事業的三種方式

我真希望自己二十五年前就讀過這章的內容。

想想大腦中專門負責幸福愉悅的神經化學物質：多巴胺和血清素。我在動腦思考如何賺到幾百萬、甚至幾十億元的時候，感到既期待又興奮：或許我可以這麼做！而且我一開始往往滿腔興奮，之後這股情緒慢慢變淡，直到失去興致。

多巴胺這種化學物質會將興奮的情緒轉化成血清素。刺激血清素上升的不是期待感，而是感恩知足。血清素幫助我們和群體或部落建立起更親密的紐帶關係。你為別人提供服務時，會感到快樂。

點子在大腦中剛萌芽時，期待感和興奮灌溉了嫩芽，但它在成長時，需要關懷照顧。我們必須幫助它活下去。為人群服務，滋養創意，是把點子變成大事業的不二法門。

本章中介紹了三種商業模式，我在思考這些模式的應用層面時，腦中湧現了各種令人期待的想法。但說到底，一門好生意在於為他人服務，為你在意的社區或群體帶來巨大的價值。過去許多年，我試過各種商業模式，只想賺更多錢，而非以提供價值為最終目標。

這是偏差的金錢觀。你因提供服務獲得金錢，錢是實質的報酬，如同你因增進群體的價值，大腦中的血清素上升，血清素是大腦的報酬一樣。

你可針對以下三種商業模式進行實驗，看看哪一種模式能為你帶來最大的情緒滿足與金錢報酬。

接觸經濟模式

在讀這篇文章時，你的車子在做什麼？停在停車場或車道上？還是給別人使用？

二〇〇〇年，羅蘋·蔡斯（Robin Chase）想到一件事：一輛汽車平均有五五%的時間空著沒用。一輛車可能要價五萬美元，可能是你手上最昂貴的物品，但它一年當中有幾千小時沒派上用場。就算我正在開車，後座的兩個座位也可能閒置，所以我花錢買了一部車，但大部分座位卻空著。

還有什麼東西極少在使用？如果我有一間房子，小孩都已經長大，那麼我可能有幾間房間大部分時間都空著。

假設你來找我，跟我說：「我想讀《戰爭與和平》（*War and Peace*），」我可能會說：「我讀過了，現在它就在我的書架上沒人看，我借給你。」這是分享。如果我說：

「我借給你，但我要收你一美元，這樣你就不用去書店花二十美元買書。」那麼這是「共享經濟」，而蔡斯在《共享型企業：同儕力量的覺醒與效應》（*Peers Inc.*）一書中稱它為「接觸經濟」（access economy）。有些人有多餘的東西，另外一些人想使用這個多餘之物，卻找不到適當的方法，此時就需要中介者來協助雙方找到彼此，談成出讓多餘之物的合理價格、處理顧客服務、提供保障等等。

接觸經濟模式由三個部分組成：

- 過剩：有些人手上有多出來的東西，叫它做X。
- 需要：有些人想要X。
- 平台：中間的平台協助想要X的人發現它，付錢購買，交易時有保障，有顧客服務，解決安全性問題，追蹤記錄優質和劣質顧客等等。

二〇〇〇年，蔡斯成立了Zipcar公司，提供共享汽車服務。Zipcar買了一批汽車，這樣他們就有多餘的空車，而有些人有短暫使用汽車的需求。Zipcar平台採用全球定位系統（GPS）協助用戶找到空車，進行金融交易，解決安全性問題，以防汽車遭竊或損壞，提供顧客服務等等。二〇〇〇年五月，網路經濟泡沫開始爆發兩個月後，Zipcar第一台車上路了。二〇一三年，Zipcar 以五億美元價格賣給安維斯租車公司（Avis）。

只要這個點子夠大，本國是否處於經濟衰退或經濟蕭條時期，抑或正要蓬勃發展，或者馬馬虎虎，根本無關緊要。以接觸經濟模式為例，如果有大量的過剩物資，也有一大批人需要使用這些物資，這個點子就夠大。接觸經濟模式被運用在很多種產業上：

- 共乘服務——優步（Uber）：有些車有空位，也有些人需要使用這些空位，從某處移動到另一處，但不想自行開車，而是希望有人接送。優步這個中介平台讓有空位的車主和想使用空位的人得以聯繫，利用全球定位系統協助乘客和駕駛找到彼此，由平台設定價格，提供顧客服務，確保交易安全，車輛無虞等等。但是，我們為何需要一家公司來做這件事？因為不論是早上或下午，我可能招不到計程車；若是打電話給朋友，他也未必能夠來接我。在優步出現前，我們只能靠這兩種方式「找到」一輛願意載我去目的地的空車。
- 房屋租賃——Airbnb（預訂民宿與短租平台）：有些人有閒置的房屋，而有些人（比如出門度假的一家人）不太想預訂好幾間飯店客房，寧可包下一棟空屋。Airbnb 是串連雙方的平台。

接觸經濟模式甚至可運用在所謂的「資訊型產品」上，例如線上課程或網路通訊稿。這個版本沒有實體產品，而是提供管道給人們獲取額外的知識。

比方說，有個人對編織很有一套，甚至在手工藝品銷售網站 Etsy 或其他地方開設商店。她可以開一門「如何增進編織技巧，並且靠編織賺錢」的課，可能有喜愛編織的人想辭掉工作，以編織為業。提供線上課程的公司，如 Teachable 或 Coursera 就成為中介平台。我可以在平台上開一門編織課，那麼有意精進編織技法、日後販賣編織成品的一群人便可在 Teachable 平台上搜尋我的課程，由平台處理配對、金錢交易、顧客服務等等事宜。

eBay 剛成立時，很多人在自家閣樓翻找有無值錢的破銅爛鐵，他們這些年來藏了不少有價值的東西，像是書冊、古董、不再穿的衣服之類，搞不好有人想要這些舊東西。eBay 變成了中介平台。

接觸經濟模式創造了一種商業生態系統：

- 平台本身：市值數十億美元的運輸公司優步，公司名下沒有汽車。他們只提供平台。
- 有多餘物資的人：許多本身有開車的人透過優步、Lyft 這類中介平台，找到需要車內空位的乘客。

● 賣鏟子和牛仔褲的人（見下一段）。

淘金熱時期，有大量黃金，也有想獲得黃金的人。於是，賣「鏟子與牛仔褲」的公司應運而生，幫助人們從接觸經濟模式中獲得最大的好處。挖金礦的工人需要買鏟子和牛仔褲，還需要銀行把挖到的黃金存進去，需要食物和臨時住宿，以便就近開採多到溢出來的黃金。

Airbnb 的管理階層是這種商業模式的現代版本。他們找到一群有房屋出租、卻沒空管理的人，也許是住在別的國家，但在紐約市有一間房子，所以平常無法處理這間在 Airbnb 招租的房子。因此，Airbnb 的管理團隊負責拍攝房屋的照片，盡可能招徠更多願意承租的房客，協助房客辦理入住，清理房屋，並且在前後任房客交接的空檔，對這些房子進行日常維護。

想想這個：

● 你在哪個領域有多餘的知識可與人分享？會有人想獲得這項多餘的知識嗎？
● 過剩的物件、想要那些過剩之物的人、有助於媒合兩者的管道，有哪些物件在這三者之間尚未達到平衡？

比方說，要是我生病了，不能下床，有什麼方式可以讓我不必去醫院，而是請某位醫生或護士到我家來診治？也許有一種商業模式叫做「代請醫護的優步」，我暫且假設已經有這種模式，但誰知道呢？

或許某些具有醫學背景的人不想忍受在醫院全職上班的苦惱，或者開設診所的醫生不願負擔診所的行政管理費用，寧可使用「代請醫護的優步」找到白天需要看診的病患。這人有很多醫療技術可分享，有必要加入能夠幫助他找到病患的平台。

還有一個點子：一對有三個寶寶的夫婦剛搬到鎮上，人生地不熟，現在夫妻倆想出門用餐。有代找褓姆的優步嗎？

你可將 Tinder 這類交友軟體想成是某種接觸經濟模式。你能提供哪些服務為「有過剩物資的人」與「想要使用某個東西的人」搭上線？問你自己：我能運用哪些技巧來幫助有多餘物資的人，在接觸經濟事業中發揮最大的潛力？

關於這項模式，最後一點是：有過剩物資者，分成兩種類型。

有些公司提供多餘的物資（公司到消費者；business to consumer; B2C）。例如 Zipcar 當初是這個商業模式中唯一持有過剩物資的一方，他們買下或租用了很多車，再出租給大眾。

也有人手上有過剩物資（消費者到消費者，consumer to consumer, C2C，有時稱為同儕對同儕）。蔡斯離開 Zipcar 之後，設立了 Buzzcar，做法更進一步。個人可以在 Buzzcar 平台上張貼空車的訊息，比如某一家人去度假，家中的幾台車便可出租，他們可在平台上登記，然後其他人就可利用平台找到目前可承租的車子，而其他事項由 Buzzcar 平台一手包辦。二〇一五年，Buzzcar 由租車公司 Drivy 收購，又於二〇一九年由另一家共享汽車公司 GetAround 以三億美元買下。

分享可以賺到錢。

神、人、資料模式

我讀了兩本書，把它們的點子加以結合。

這兩本書是：麥特・瑞德里（Matt Ridley）的《無所不在的演化：如何以廣義的演化論建立真正科學的世界觀》（*The Evolution of Everything*）與哈拉瑞（Yuval Noah Harari）的《人類大命運：從智人到神人》（*Homo Deus*）。

我第一次接觸到瑞德里，是因為讀了《世界沒你想的那麼糟：達爾文也喊 Yes 的樂觀演化》（*The Rational Optimist*）這本書。書中說明了為何人們總是預測最壞的狀況，但創新在最糟糕的情況發生前，就解決了所有問題。瑞德里接著在《無所不在的演化》一書中表明，不只是人類逐漸演化，生命的每個面向都在演化，他更逐一從各方面進行剖析。

瑞德里透過本書討論了婚姻的演變。當人類群體的結構從游牧型態的狩獵採集演變為農業與城市，婚姻也從一夫一妻制走向一夫多妻制，因為握有最多資源的男人開始娶很多女人。女人這麼做的理由是：與其嫁給快餓死的男人當唯一的妻子，不如當皇帝的第九個妃子。

不過，這種安排不利於地位較低的男人（也不利於地位高的女性，如今她們得爭奪丈夫的關愛）。於是部落開戰了，成吉思汗會侵略某個國家，殺死男人、小孩和老婦人，擄走年輕女性，好讓部落裡地位較低的男人有更多機會娶妻。隨著時間過去，一夫多妻制慢慢衍生出更多暴力，而社會日益富裕，逐漸致力於創新，不再採用武力征服，於是一夫多妻制又演變為一夫一妻制。

時至今日，婚姻的狀態仍在改變。許多配偶選擇習慣法婚姻（夫妻未舉行結婚典禮，而是藉由長期交往獲得某些權利）。這類婚姻維繫得更久，每段婚姻的子女數更少。

瑞德里接著描述我們文化中的其他面向：城市、政府、娛樂、科技等等，全都隨著時間演變。藝術圈便是很好的例子。起初，準確描摹實物的藝術極受珍視，之後，藝術逐漸朝抽象路線演變，先是印象主義（Impressionism），再來是畢卡索的立體派（Cubism），然後是達利的超現實主義（Surrealism）、波洛克（Pollack）的抽象表現主義（abstract art，看起來跟現實搭不上邊），然後是沃荷的普普藝術（所畫之物傳達的文化影響是藝術的一部分）。瑞德里要說的是：我們想得到的種種面向，幾乎都隨著時間遞嬗變化。唯有跟著產業一起演化的人，才會成為業界的成功人士。

一九八〇年代的電腦產業便是一個好例子：那時候，電腦採用大型主機，能夠將企業的所有運算需求傳送到小型的微電腦，但後者越來越強大。我父親從事大型主機軟體業，他在大型主機上編寫軟體，讓大公司做會計業務。「沒有一家大公司有辦法在小型電腦上做完會計帳目，蘋果的麥金塔（Macintosh）只是玩具。」他一九八七年時對我這麼說。兩年後他失業了。

地球上每一種產業都將歷經（或者已經完成）這段演變過程：從神明信仰演變成人性化（人本）方式，最後變成以數據驅動。

我和哈拉瑞的接觸始於二〇一四年，那時我在 Coursera 平台選修他的線上課程：「人類簡史」。這門課是以《人類大歷史：從野獸到扮演上帝》（*Sapiens*）為本，英文版書籍於二〇一五年問世。他在本書中敘述了他心目中未來人類的面貌，同時提到一個概念，從此根植於我的腦海，那就是所有產業一開始都相信有某位神祇（或眾神）是專家，然後是人類，再之後是數據資料。

以戰爭為例。兩千年前，兩個王國交戰前，大多先向神明獻上祭品，獲得祭司或薩滿巫師的祝福後，才派士兵出戰。假如有神明護佑，他們就會贏。假如他們得罪了自家的神明，就會擔心戰敗。即使在《聖經》中，上帝很多時候都是以色列人的總司令，命令約書亞進入迦南，征服這塊土地。一旦猶太人失去了上帝的眷顧，以色列就經常吃敗仗。後來，戰役的重心轉移到人類在做的事：可以徵召到多少名壯丁？有多少顆子彈？戰場上的軍事策略是人擬定的。現今，戰爭如何進行？我們運用人工智慧，無人機從幾千哩外的高空瞄準敵軍，加以殲滅。我們結合網路安全技術與人工智慧搜尋敵方，駭進敵方的電腦，破壞電網或取得資料。戰爭每天都透過網際網路進行，任何時候都可能有數以百萬、甚至上億個人工智慧操縱的「機器人」在搜索敵方的電腦，找出破綻和弱點，予以利用。

戰爭從仰賴神明庇佑，進展到人性化策略，再到數據化。

以醫學為例，數千年前，你要是生病了，多半會祈求幫助，或者找薩滿巫師看看是否能借助神明之力治癒你的病。五十年前，你會去找本地醫生，他對你說：「吃兩顆阿斯匹靈，明天早上打給我。」現在，我們利用基因體定序了解疾病，再找出病人的基因體序列，以確認病人可能罹患的疾病。我們運用人工智慧技術分析電腦斷層掃瞄結果，判斷某人是否罹癌。我們不光是運用人工智慧和數據診斷病情，也依賴它們找出最適合治療的藥物。我們甚至運用人工智慧研發藥物，依照不同疾病的化學結構來研製結構完全相符的藥物，以治療病人。

這種方式可套用在商業模式上，尤其是金錢。

看看美元鈔票。人類對於金錢的最初信念，至今仍呈現在美元鈔票上，當中似乎在說：「我們相信神。」錢是一則故事。假如我們對這則故事深信不疑，我們也就相信一張上面有圖像的紙可以用來交換食物、住宿、奢侈品等等物品，滿足我們一切所需。假如我們對這則故事有疑心——這種情況經常發生（一九二〇年代的德國、二〇〇〇年代的辛巴威等等），那麼該國的貨幣系統會崩潰。有那麼多國家傾盡全力打造紙幣，以維繫人民的信念。鈔票顯示著「我們相信神」（神明信仰），但為免某些人不吃這一套，還放上第一任總統喬治．華盛頓的照片（人本主義）。但要是「我們相信神」最後變成了「我們相信數據」，因而開始了金錢的漸進革命，會怎麼樣？比特幣（Bitcoin）是一項測試。比特幣完全由數據組成。每塊「貨幣」是一個程式，只能在稱之為「區塊鏈」的超大資料庫內執行，由持有「數位錢包」（內有比特幣）的人共享。

比特幣沒有實體。陪審團遲遲無法判定比特幣是否會消失，但它十幾年前問世，吸引了逾兩千億美元投資，花了數百萬工時創造了這個系統，多次面臨崩盤（每當有國家試圖立法規範、或疫情流行等等）。然而，在我寫這一段文字時，每個比特幣的價值依然從美金十分錢上升到逾一萬一千五百元。

我要說的是，我們了解到產業演變的方式，便可在轉變期找出更多機會。隨時問：**有什麼產業或專門行業尚未從人性化方式跳到數據化？**既然所有事物終將演變為數據化，目前的商業模式有哪些缺口，可用我們的服務或產品來填補？繼比特幣面世後，最後一定會出現貨幣交易的需求，然後是比特幣交易經紀人，再來是設計應用程式的程式設計師。在醫學領域，運用人工智慧進行診斷及治療，仍大有可為。

現在來看看約會的世界。最初，人們必須由祭司代為撮合。後來有了媒婆，現在是由交友應用程式的演算法幫你配對。還會有進一步演變嗎？如果每個人都做了基因體定序，把所有序列儲存在大型資料庫，會怎麼樣？人工智慧有可能辨認出哪些基因體更適合和某些基因體配對，促成更美滿的婚姻嗎？誰能夠開創這項事業？

至於執法層面，因果報應（善有善報、惡有惡報）源自於神明信仰。但終究出現了執法代理人（警察）來處理法律事宜。後來，包括 Palantir 在內的大數據分析公司開始利用數據，預測可能的犯罪型態（有點像電影《關鍵報告》（*Minority Report*）裡，湯姆．克魯斯飾演的警察利用數據預測日後發生的罪行）。Palantir 會檢視某家銀行全部客戶的交易紀錄，以調查可疑的行徑或犯罪行為。

下一步是否可能結合人工智慧和全球定位系統的資料，檢查人們是否有脫序的行動，可能涉及犯罪？我是否可透過演算法算出的亞馬遜銷售排行榜，找出可快速開發的播客節目，在亞馬遜創下銷售佳績？經演算法計算過的公開資料（房價、遺囑檢驗法院的離婚檔案、某地區的平均壽命）是否可以告訴我房價何時會漲或跌，或者讓我知道在某間房屋掛牌出售前，何時最適合出價，用最棒的折扣買下這間房子？

數據化崛起成為一種商業模式，目前仍屬起步階段（可能需要一千年進行演化，現在是頭三十年）。

倒數三分之一模式

行動支付系統商 Square 的共同創辦人之一吉姆．麥卡維（Jim McKelvey）曾經告訴我：「不管是哪個產業，大家都不想為倒數三分之一的人提供服務，人人搶著爭取前面三分之一的客戶。如果你能找出某種商業模式，專為倒數三分之一的人服務，你可能就是那個場子唯一的選手，值幾十億美元。」他當然明白這一點。

Square 協助小商家接受信用卡支付。信用卡公司不喜歡跟小商家打交道，因為詐欺、交易糾紛或破產的比例更高。Square 承擔這些風險，在家庭式商店和大型信用卡公司及銀行之間，充當中間人。吉姆會成立這家公司，是有一次他的吹製玻璃公司因無法接受信用卡刷卡，而無法完成一筆兩千美元的交易。他找來創辦推特的傑克．多西（Jack Dorsey）

合夥，兩人設計出可放在 iPhone 上的讀卡機，完成信用卡交易。接著，他們說服了每一家信用卡公司，准許他們為幾千萬間原本不能刷卡的小商家，提供信用卡服務。十幾年後的今日，美國有四成商家的交易是透過 Square 系統完成，而這家系統商最初由兩人在車庫內成立，如今市值逾兩百三十億美元。

你一定能找到某個產業，它尚未滿足倒數三分之一客戶的需求。

自從亞馬遜允許找不到出版商的作家自行出版，書籍銷售量便大幅增加。

過去電視的興起為許多人提供了娛樂，因為他們買不起票看戶外的現場表演。就算到了今天，你仍可免費從電視上觀看足球比賽，不必花幾千美元去看超級盃。

科技不斷發展，一定找得到方式來服務那些被視為很難服務的部分人口。

比方說，有幾百萬人在 YouTube 頻道發佈影片，但這些人不是頂層的頻道主，無法透過影片收取廣告費用。是否有一種商業模式可以幫助倒數三分之一的內容創作者？是否有一種商業模式可以幫助倒數三分之一的學生，他們很想培養專業技巧，卻無力繳納大學學費？

LegalZoom 是一家線上法律科技公司，目前市值逾二十億美元（約略估計，它未上市，所以很難說）。設立這家公司是為了幫助數千萬市民，他們無力負擔一般法律服務的費用，像是寫遺囑、離婚、簡單契約等等。LegalZoom 由一位名叫布萊恩・李（Brian Lee）

的律師成立，他自稱是「史上最糟糕的律師」。有次，主管要他草擬一份簡單文件，協助一家公司辦理公司登記。他任職的這家法律事務所索價兩千美元。如果你辦過公司登記，就知道只要填好表格交給州政府歸檔，就搞定了。他聽主管說事務所向客戶索取兩千美元費用時心想：「但那只花了我二十分鐘。」就是那一刻，他靈光一閃。客戶花在這項簡單法律服務的成本和他所投入的勞力，有極大的差距。有了網路以後，許多功能或常見的服務都可以自動化。他沒有錢，沒有創業經驗，但他知道自己能夠透過網路提供簡易表格和法律服務，幾乎不花成本。在那之後，他也和影星潔西卡・艾芭（Jessica Alba）成立了誠實公司（The Honest Company），市值逾十億美元。

對了，這裡所寫的「倒數三分之一」，並不是指「財富和收入排名倒數三分之一」，而是泛指任何產業中倒數三分之一的人。

舉例來說，二〇〇三年，人們仍得花數萬美元架設一個稍嫌簡單的網站。麥特・穆倫韋格（Matt Mullenweg）創造的 WordPress，讓倒數三分之一的人（幾乎沒有科技能力的人）也能夠做出美觀精緻的網站，而且是免費。

問一問自己：哪些產業部分目前只為前三分之一的人服務？

了解到這三種商業模式與其間的細微差別，你就能獲得價值數十億甚至上兆元的機會。

你每到一處，看到販賣的產品或服務，就問問自己：誰無法得到這些服務？為什麼？他們是否也想獲得這些服務，卻苦無門路？假如運用更多人工智慧或資料，這個產業是否就能提供更好的服務？在這個產業，倒數三分之一的人是否沒有獲得適當的服務？

我真希望自己二十五年前就充分了解這些商業模式，不過現在我懂了，而且我目前把這三種模式全部運用在我的生意和投資上面。

第二十一章　不確定的技巧

很多人以為創業、投資或轉換職涯就是要敢冒險。我以前很敢冒險，可能冒一項風險，然後就變得一無所有。我會冒險，因而損失金錢或名聲，甚至失去朋友家人。

跳過排隊行列就是一場冒險。你冒著失去名譽的風險，若衝得太快、太遠，你可能會變得灰頭土臉。你可能失敗，所以才提醒你必須仔細規劃實驗，縮小損失的範圍。也因此，有一套快速致勝的策略很重要，好降低你做重大決定的風險。

談風險的書很多，但我推薦其中幾本書。作者是納西姆・尼可拉斯・塔雷伯，書名分別是：《隨機騙局：潛藏在生活與市場中的機率陷阱》（*Fooled by Randomness*）、《黑天鵝效應》（*The Black Swan*）、《反脆弱：脆弱的反義詞不是堅強，是反脆弱》（*Antifragile*），以及《不對稱陷阱》（*Skin in the Game*，原文書名意為《切膚之痛》）。他說這套書合起來是他的「不確定叢書」（Incerto Collection），本章所講的技巧名稱便由此而來。Incerto 是拉丁文，意指「不確定」。生命裡有各種不確定（或稱變數），而我們大部分的人生都在設法創造虛假的確定感。但正是我們在變動環境中成長茁壯的能力，使我們有勇氣冒險，並且能夠應付可能衍生的後果。

上述書名揭示了四種技巧：**做好決策、在人群中脫穎而出、在其他人意想不到的地方取得成功，並且了解運氣和技能之間的不同**。

再次重申，能快速致勝的人通常會去最少人在的房間。至於該怎麼做，可從上述書名中找到答案。從塔雷伯過往的實績來看，他絕非無的放矢。二〇二〇年二、三月疫情爆發之初，股市崩跌，但按照他的原則操作的避險基金上升了四千兩百個百分點！

隨機騙局

這項原則提醒了我們，每天早上起床要對自己說：「我很可能是有史以來最笨的人。」不一定是，只是「頗有可能」。

我頭一回賺到錢時（第二回以後也一樣），心想：「我是個天才！」「要是我做這個賺得到錢，做什麼都有的賺！」有時候你在某個領域大大成功，就以為自己在任何領域都能成功。有種「我一定是個天才」的感覺。但我更進一步，不僅覺得自己是天才，還認為人生不必再求進步。我可以拍拍手，抹乾淨，就此收手！人生是一頓豐盛的大餐，現在我可以好好放鬆享受一番。

虛假的自滿與自傲交互作用，最容易釀出失敗的苦酒。風險、懷疑、好奇心、心理健康等等概念統統消失，即使我接連犯錯，仍一味樂觀認定一切都會轉好，結果卻非如此。

我不是在抱怨，我已經抱怨夠了。

我賣掉第一家公司時，應該先弄明白自己實際上冒了多少風險，有多少次就是單純走運而已，例如網路是有史以來最大的投資泡沫，而我那時有一家替人架設網站的小公司，後來以幾百萬美元賣出，因為有一家生產燙傷凝膠的公司眼見網路公司掀起一波不尋常的股市熱潮，想投入網路事業，趁機大賺一筆。這不光是運氣好，那個時期進入網站產業是對的，但能夠賺錢的確是走運。我把公司賣給做燙傷凝膠的企業，而且一年內股價從兩美元飆升到四十八美元，實在是交了好運。我在接近最高點時賣出套現，也是好運。

之後，我幹了件蠢事（但不太走運）：我把這些錢拿回來投資網路公司，因為我是個「網路天才」。之後我不斷借更多錢來投資。我在最高點賣出股票（好運？技能？不確定，因為我沒理由相信自己有技能），之後又把錢一股腦丟進超爛的公司。

我被隨機騙局愚弄了。

現在不管是誰拿漂亮的過往實績或成果給我看，我都不會再假定對方（或我自己）知道他們在做什麼。我一定會問：有什麼風險？他們有把風險因素考慮進去嗎？還是說，他們忘記有風險這回事，成功只是僥倖的結果？

大部分時候都屬於後者。

黑天鵝效應

黑天鵝很稀有，但的確存在。塔雷伯的論點是：有些事從統計上看來不可能（例如地震），但發生次數卻遠高於統計模型的結果。

我盡量把它簡單化。基本的機率理論是發展出來幫助我們在賽局時計算如何下注。假設我拿一枚硬幣，丟擲十億次，那麼大約五〇%機率落下時是正面，五〇%機率是反面。雖然可能性很小，但是有可能連續十億次都是正面朝上。若是如此，你就可以在機率之外尋求答案，像是那枚硬幣可能被加了重量。

你玩擲硬幣或骰子、撲克、俄羅斯輪盤一類的賭博遊戲時，可根據統計數字來決定如何下注。艾德華．索普（Edward Thorp）這樣的人懂得運用機率理論，進一步創造出算牌的原理，幫助他在二十一點牌桌上善用有利的情勢。假如他只知道下一個出現「十」的概度（likelihood）是多少，而在遊戲過程中概度大幅改變，他便可根據此一變化，決定投注金額。（附帶說明，他還發明了穿戴式電腦，放在鞋面上，好算出一副撲克牌裡已經用掉幾張十。每當十出現，他會輕點一下腳，電腦就幫他計算。）索普後來將同樣的點子運用在股市交易上，創造了量化投資。

遊戲是在精密控制的環境下進行。當你擲一枚硬幣，只可能出現正面或反面的結果。假如這枚硬幣兩面的比重均衡，那麼出現正面的機率的確是五成。但是當系統趨於複雜，更多「現實」因素介入，就不一定按照這樣的機率出現。

例如你是否注意到，每次警方逮到某個連續殺人犯，他的鄰居多半會說：「不可能！他是個乖孩子。」嗯，在鄰居認識他的日子裡，他的確不是連續殺人犯。所以，若你按照鄰人對他的觀察，做出他是連續殺人犯的機率模型，可能性趨近於零。

好比我說：「我已經連續活了一萬八千三百六十一天，所以我死掉的機率是一／一八、三六一。我幾乎不可能會死！」雖然按機率來看不可能，但我總有一天會死。

「黑天鵝」的概念是：若我們檢視過往，根據先前的觀察做出決定，大多可以做出不錯的決定。但我們應該預留一些空間，以防風險發生。

我不懂塔雷伯的投資策略，但我想他運用策略的方式大概像這樣：我們知道過去一百年來，股市在一天內崩跌超過一〇%只有三次，而根據過往的案例所建構的保險模型會表示：「好，所以是兩萬五千天內出現三次（股市一年內約交易兩百五十次，因為週末和部分國定假日休市），得出三／二五、〇〇〇的機率。」於是保險業者大概只會收取便宜的保費，因為只須防範一天內崩跌一〇%的情況，而這種機率極低。

但黑天鵝存在的情況意謂著**有些事超乎我們的預期，而且股市的風險尚未建立模型**。所以我們早就為某些已知的風險建立完美的模型，卻尚未考慮萬一小行星撞上地球，一億人因而喪命的風險。如果你為股市一〇%上下的變動投保，最後每個月只有些微的收益（或損失）。然而，一旦黑天鵝事件發生，你就會升值四、〇〇〇%，約莫等於你只繳二十個月的保費，卻拿到四百個月的保險金。

我在進行高風險活動時（創業、投資、甚至與人交往，或發展興趣或生涯），一定會將已知風險列入考量（我投資了某家公司，執行長可能會死，我可能會死，我正在交往的人可能有大筆債務瞞著我），再採取行動，例如減少投資金額或花更多時間和對方相處，以掌握更多資訊。

但仍然有我無法預測或建立模型的黑天鵝，因為我欠缺這方面的經驗。

所以你必須從「保險」的角度來思考。當我開公司，我的「保險」可能是創業帶來的其他好處（學習技能、培養人脈等等），要是原先的業務做不下去，很容易轉換方向再出發。或者說我會在對手公司挹注小額資金，如果我開的公司營運不佳，有可能是因為競爭對手是贏家。

一段感情很難投保，也因此，愛情往往是帶來最大痛苦的風險。

反脆弱

「你的韌性很強！」有次我演說完，某人這樣對我說。我每回演講一定拿自己數度破產時遇到的事來開玩笑。

你一旦破產，會失去大多數朋友，甚至一個也不剩。確實如此。就像那句老話所說，你這才發現哪些是真正的朋友。結果你發現自己根本沒有朋友。至少可以這麼說：這些朋友都跟你保持距離，觀察事態的發展。若你頻頻回頭，很難繼續往前走。懊悔是某種形式的時光旅行。如果我反覆回想失去一切的時刻，就永遠逃離不了周而復始的命運。

我必須抱持希望，憑藉它給我的期待和喜悅迎接明天。

在《今天暫時停止》（*Groundhog Day*）這部電影中，比爾．莫瑞（Bill Murray）一旦愛上某人，就能展開新的人生。最初，他憤世嫉俗，討厭身邊發生的一切。他因為碰到了壞事，變成更差勁的人（那一天一再重來）。這顯示出他脆弱的一面。可怕的壞事讓他變得比以前更壞，但一般人正是這樣。人遭受創傷後，就會有某種創傷後壓力反應，日後若再遇到類似的負面事件，較難採取合宜的作為。他們變得脆弱，無力從挫折中復原，也無法過真正想過的生活。

只消看看某些政客、企業領袖或名人就明白了。這些人花上數十年打造的門面一夕崩毀，就再也回不去了。這些生涯建立的基礎太薄弱，很難維持，猶如一支水晶花瓶被推落地面，摔成碎片。

我第一次破產時非常頹喪，以為自己無法再站起來。那時我幾乎是脆弱的化身。只有當我開始鍛鍊可能性肌肉，每日做增進健康的練習（身體、情緒等等），我才得以開始提早思考未來該怎麼走，而非焦躁不安地反覆回想過去，反芻每一個錯誤。

有韌性是你回到原點後犯下同樣的錯誤，仍經受得起再一次挫敗。確實如此。我很有韌性，不停地跌倒，重新站起來又摔倒，獲得教訓，好讓我又再度摔得鼻青臉腫。你可以把水晶花瓶的碎片拿去給工匠，他可以黏合這些碎片。但如果你照舊把花瓶放在桌面邊緣，而你家的狗又喜歡跳到桌子上，那麼你或許有承受挫折的韌性，但你並沒有變得比以前好。

有韌性當然沒問題。很多人歷經難關，咬緊牙根撐過去，到達彼岸。

塔雷伯舉出「反脆弱」的例子，則是往前更進一步。

如果某事讓你受傷，也會讓你變得更強。

等到我公開說出自己過去犯的錯誤後，我才找到我口中「真正的成功」。我開始在部落格中寫這些事，累積了更大批讀者，比我寫金融主題的文章吸引更多人看。公開暴露弱點，承認錯誤，也給了我一些教訓。我領悟到若是我沒有每天寫下十個點子，很快就會喪失創造力。我領悟到如果做某件事，沒有將風險列入考慮，很容易再度一敗塗地。

某人曾說過：「如果你一直做同樣的事，就會一直得到同樣的結果。」

反脆弱是快速致勝的本質。若你培養出快速致勝的技巧，反脆弱的精神讓你有能力冒更大的風險，深知自己遇到挫折也能很快恢復，還能變得更加堅強。

我表演脫口秀冷場之後，會看錄下的影片（某種形式的保險），看看是哪裡出了差錯（通常需要資深喜劇演員的幫助），做一些練習來改進比較弱的部分（像是在地鐵上表演脫口秀，好讓我更有辦法在不友善的觀眾面前表演，立刻吸引觀眾的注意力）。

多年來我對不少企業提出正確的分析，卻仍無法針對黑天鵝事件建立正確的模式，因此我現在會建構投資組合，如此一來，就算有壞事發生，因為我有相當多元的投資標的，便很有機會在危機中處於優勢，並且從中獲利。當然未必盡然，畢竟將黑天鵝納入考量的部分原因是：你不曉得會出現什麼樣的黑天鵝，但我已經受到足夠保護，知道自己不但能夠存活，還能活得生氣蓬勃。

我向塔雷伯請教：我從十幾歲以後就沒去看過醫生，擔心自己很脆弱，要是真的生病了，大概會因為害怕焦慮而崩潰。我怎樣才能夠反脆弱？他的回答類似疫苗的概念：「每天吃一點毒藥。」我想他應該不是叫我服用氫化物，但與本書一再重複的概念不謀而合：光是用想的不可能成功，你也不可能想清楚每一個問題。你必須和變數共存，但你也必須

體驗，並且去**做**你很想專精的事物。

問自己：倘若某件意料不到的事發生，你人生哪個部分會徹底完蛋？現在你會怎麼做，讓自身更加「反脆弱」？最糟糕的情況是什麼？你承受得住嗎？如果你認為自己承受得住，是否有方法稍微體驗、應付一下這種狀況，這樣你就可以看看自己的反應，然後加以改進？

九一一恐怖攻擊過後，我立刻進場投資，眼見股市直直落，我還是借了更多錢投資。結果我破產了。我為此後悔多年，不敢把握機會（脆弱）。過後許多年，我培養投資技巧，再度把握機會，但還是會全盤搞砸（韌性），不過最後我明顯趨於保守，一心尋找帶來很大益處、極少損失的機會，而且這些機會之間沒有關聯，也不可能演變成我預想的諸般黑天鵝事件。這麼做，我變得更加「反脆弱」。你也可以用這種方式鍛鍊自己的「反脆弱」能力。

切膚之痛

當你感受到切膚之痛，就表示你有損失。

某個記者預測今年可能有地震，因為過去一百年來沒有發生過地震，他並未面臨切膚之痛。一年過去，如果地震沒發生，這名記者可以說：「嗯，多虧我的警告，他們額外採取防範措施。」也可能根本沒人記得他一年前的預測，沒有任何後果。

但他若是下賭注，會怎麼樣？而且不光是賭這個預測，而是他所做的全部預測都得下注呢？那麼這個記者就會做更多研究，花更多時間調查斷層線的位置，了解地震學家如何設法進行預測。做完這些功課以後，他可能發現不值得冒這個風險，便決定不下注。如果他不下注，就不會寫這篇文章。

這就是直接涉入某項活動所可能蒙受的切身損失。

我喜歡投注「預測市場」。你可以在某些網站上，針對某些事件的結果下注，例如：「總統大選誰會贏？」「二〇二〇年底，英國會脫歐嗎？」有時我看到某個賭注，會對自己說：「喔，不可能發生的啦。」那樣的話，寫一篇文章就夠了。但要是我有涉入這項活動（我得下注），我就會盡可能做研究。我會成為專家。

專門學識或技巧並非靠修課、拿證書得來。你不去打仗，就不可能成為厲害的戰士。除非你真的進場交易，否則你不會明白進行當沖交易是什麼感覺，無從體驗賠錢的恐怖或成功的甜美滋味。

你每次做重大決策時，都要問自己：要是這個不成功，我有什麼損失嗎？損失的可能是金錢、名譽，或時間。這些都是極大的損失。這是切膚之痛。

當你面臨切膚之痛，自然而然會做更多必要的研究，盡量把風險降到最低。要明白風險不可能變成零。若想快速致勝，就必須和變數共存。畢竟這個概念本身就是從未有人做過你正在做的事——這正是你獲得成功的原因。

不過，去冒可預見的高風險會帶來最豐盛的報酬。我說「可預見」是因為當你面臨切膚之痛時，就會想方設法降低風險。

第二十二章　三〇／一五〇／百萬法則

另一項快速致勝的技巧是創造出激勵人心的願景，把它傳達給其他人。若你能創造出一個共享的願景，就能獲得其他人的信任，加快協作速度，提升創造力。過去幾年間，我們被迫看著自身對於世界的願景遭到急遽改變，瀕臨毀滅。現在我們面臨空前的挑戰，必須努力創造願景，秉持同樣的理由，將大家的行動、方法與活動串連起來。傳達這項願景必須先了解群體是如何形成的，以何種方式相互影響。

這個「三〇／一五〇／百萬法則」歷經八萬年才形成，卻促使人類從食物鏈的中層（獅子殺死獵物，先吃光肥腴美味的肉，禿鷹撿剩下的吃，才輪到我們啃骨頭）上升到食物鏈頂端（今日獅子在動物園裡，而尼安德塔人全死光了）。這項法則的重點在於，它適用於領導力、組織，以及你在組織中所處的位階，也能適用於如何在組織、公司、產業或任何團體中有更好的表現。

三十：這是我們能夠直接認識的人數。過去游牧民族的成員規模大約在三十人左右。這個規模的群體，內部的人彼此認識，也知道哪幾個人值得信賴。珍認識麥可，珍放心跟麥可一道去狩獵。但是當團體的規模超過三十人，人與人的緊密連結和信賴感開始崩解。要想取得所有人的資訊變得不可能，你也不再相信每一個人，這個群體又再次劃分成更小的群體。

這種人際間的動態模式在部落內順暢運作了一萬年，但距今約七萬年前，人類發展出一項其他動物沒有的重要技能（就連很接近人類的尼安德塔人也沒有）：分享小道消息。現在珍可以對哈瑞說：「麥可是一起打獵的好同伴。」而哈瑞信任珍的判斷，相信自己可以跟麥可一道去打獵，即使他根本不認識麥可。忽然間，尼安德塔人和其他智人的時代結束，只有人類繼續存活。團隊的時代就此開始！

這種模式適合一百五十人以內的團體。我們能夠保留大約一百五十人的資訊，當作茶餘飯後的談資。要是身邊沒有一百五十人供我們說閒話，我們就會想看八卦雜誌，追蹤具有社群媒體影響力的人，隨時掌握名媛金．卡戴珊（Kim Kardashian）或歐巴馬總統的動態。這項法則也適用於企業。若員工人數介於三十和一百五十人之間，採用內部通訊稿、獎項或專用的頭銜，可幫助組織順暢運作。在其中稍微運用階級的手法，就很有效果。既然我們不太可能私下認識每一個人，就需要其他方式評估他人的可信度，亦即我們是否能信任他們。

↑好故事的價值

但真正幫助人類爬升到食物鏈的頂端——在演化層面快速致勝——的事件大約在一萬年前發生。有一項工具讓素未謀面或相隔數千哩的人可一道合作，那就是：故事。

假如你說的故事很動聽，在世界另一端的兩個人相信了這則故事，他們倆便能開始合作，於是有了宗教，有了政治，有了商標。

如果在墮胎議題上，你認為當事人有選擇權，我也持同樣看法，我們就會覺得可以跟彼此共事。如果你公開表示自己支持共和黨，我也表明支持共和黨，我們就會覺得可以跟彼此共事。這是因為我們在面對這個世界運作，在其中尋找自身定位時，共享同樣的「故事」。國族主義的故事令人震撼，環保或墮胎自主權之類的政治議題劃分了派別，也是令人動容的故事。宗教故事可以讓數百萬人團結起來，同樣帶來震撼。這些故事讓我們與陌生人合作無間，即使雙方在其他方面毫無共通點。噢！你開喜美嗎？我也是！那麼我們也許可以合作愉快。

一則好故事的元素是什麼？你在自己的故事裡，是個英雄嗎？

喬瑟夫・坎伯（Joseph Campbell）在《英雄的旅程》（*The Hero's Journey*）一書中敘述「英雄的故事」大致有下列特點：

- 不情願的英雄：《星際大戰》中的路克・天行者（Luke Skywalker）想去其他星球，但覺得自己有義務留在叔叔的農場上幫忙。
- 採取行動的必要：原名彼得・帕克（Peter Parker）的蜘蛛人看到叔叔在自己眼前被殺害，意識到他原本可以運用自身的力量阻止命案發生。
- 一場旅程：我們一路上結識了新朋友，不斷碰到更大的問題。佛陀遇到想拜他為師的僧人，途經交戰的國家，一再企圖擾亂他在小樹林內創造的和平。
- 最後遭遇最大的問題，把它擊敗：天行者殲滅了死星。
- 回家說出這個故事。

品牌是一則有力的故事。如果你講述產品或服務的故事足以打動人心，你就會有好的開始。近期有項研究證實了這一點：有個男人買了一堆便宜玩意，在 eBay 上賣掉，賺了些錢。之後，他在 eBay 上賣出同一批複製品，但為每個產品加上一則故事，介紹它來自何方、它的意義，諸如此類。全都是同樣的產品，但他比原先多賺三倍。**故事創造價值**，**讓我們得以和幾百萬個陌生人協力同心**。唯一的問題是：人類已經演化了幾百萬年，但說故事的基因在一萬年前才出現，所以它難免失靈，因而出現戰爭、金融危機等等。

了解我自己人生中的故事，幫助我分辨什麼是胡說八道、什麼是真相實話。唯有透過你內在的感受，才能判別故事的真偽。如果我笑了，那就是真的。如果我覺得愉快，那是真的。不論對方說了什麼故事，我都對他們好，我覺得更加愉快。但我從不跟別人爭論故事的真偽。我的精力有限，要盡量運用得有效率，這樣才能夠愛自己的家人，創造事物，做有趣的事，而且活得健康。在個人精力上，我主張節約。

第二十三章　你希望小孩明白的事（美好人生的數十條準則）

我從來沒想過要生小孩。

但後來我有了一個。

家裡突然有了她，身長五十公分、不會說英語的美國小公民，整日啼哭，在地上大便，隨時都要吸吮媽媽的乳汁。

不過我盡量容忍她，而且非常愛她，我從來沒有這樣愛過一個人。地球上有超過七十億人口，但我最愛的是她。

她前幾天滿二十歲了。二十！

我不知道她是否肯聽我的勸告，但我寫下幾件事，想告訴她要怎麼努力過好人生，至少不要像我過去那樣在煩惱、痛苦、恐懼和焦慮中度過。

從她出生到長大，這二十年當中發生了一件有趣的事：我又多了一個小孩。我以為自己無法像愛大女兒那樣愛另一個人，但我錯了。我對她們倆的愛與日俱增。然後我再婚，我妻子蘿賓有三個小孩，年紀都跟我的小孩差不多。四個女兒和一個兒子，我愛他們每一個人。依長幼順序是：喬西、約翰、莎拉、莉莉、莫麗。五個孩子（如今是小大人）每天都有一堆新問題，而且很想把這些問題告訴你。這些問題都很重要！

關鍵是不要回應。他們不太需要忠告，幾乎聽不進去。但他們會觀察你的一舉一動。想當個稱職的父母，你必須做一個好人，示範好好過人生的方式，而不是一味耳提面命。

但我耳根子軟，孩子都知道誰比較容易答應他們的請求。我太太說：「不行！」我說：「好啊！不過要先問你媽！」

他們不聽我說教，所以我設法透過身教展現：

1. 一定要去人最少的地方

成功藏身於人跡罕至的所在。

我女兒有個朋友想去讀哈佛。但是紐約市有多少在校成績好、學科能力測驗（SAT）分數高的學生申請哈佛大學？答案是全部。競爭太激烈了。後來她迷上了賽車，年紀一到就去上賽車課。她熱愛賽車，找影片來看，一有機會就請教練陪同上賽車跑道，最後在賽車比賽中取得還不錯的成績，雖然沒有贏得獎牌，但是夠好了，足以讓她在申請哈佛的學生中，以唯一少女專業賽車手的身分脫穎而出。但她做熱愛的事開心無比（而且一路獲得贊助），她決定不進哈佛，努力追求夢想。

我很愛引用《連線》雜誌前創辦人兼主編凱利的一句話：「不要當最好，要當唯一！」這種說法也很棒。

2. 默默行善：超級英雄。因為成名而變成名人：魯蛇。

3. 人際關係和諧：美好的人生。人際關係惡劣：糟糕的人生。

同樣的，與其培養觀眾，不如慎選觀眾。你不會想整天教導身邊的人。世界級西洋棋棋王出門旅行經常帶一名「副手」隨行。此人會協助分析棋局的局面，為重要比賽構思新招式，研究對手的棋路、預測他們的下法，諸如此類。這名副手多半是世界排名前十的棋士，搞不好以前還拿過世界冠軍。鮑比．菲舍爾（Bobby Fischer）是一九七二年的世界西洋棋冠軍，當被問道：「你為什麼沒有副手？」他說：「我不喜歡在進行重大比賽時教別人下棋。」

這話稍嫌過分，但重點是要選擇對的人，以免白白浪費時間培訓。你要花些時間選擇合適的人待在你身邊，成為你的團隊。別選那些需要你培訓的人。

4. 如果你老是做同樣的事，就會一直得到同樣的結果。

若你希望人生變得不同，就做點不一樣或出人意表的事。如果拐錯彎走上一條泥土路也沒關係。鍛鍊可能性肌肉。每天寫十個點子。你會發現更多種可能，不再墨守成規。

5. 睡眠與休息

大家都說：「工作要認真賣力，拚命完成。」但只有透過休息，人才會成長。你工作時是在做事，休息時大腦才會重組迴路，持續發展。把休息時間排進你的行動版日曆：早上、下午各空出二十分鐘，放下手機，讓電腦休眠，做白日夢，或只是散個步。

6. 難免有衰事發生，把衰事當成機會。

這句話你每天都得說上幾遍。

7. 永遠不要自憐自艾。參見前一點。

8. 每天都要發揮創意。

其他人都留在車道上龜速前進，但如果你每天發揮創意，你會開得比他們更快，去到更遠的地方。

9. 把今天當成最後一天來過。

今天可能不是最後一天！但是，別光是期待明天有更好的結果。充分利用每一天。

10. 吃八分飽：

日本沖繩縣的百歲人瑞比例是全球第一，而且他們沒有臥病在床，沖繩縣百歲老人的生活品質在世界各國也是名列前茅。沖繩人奉行一種生活哲學，叫做「胃八分滿」，意思是飯吃八分飽。這是因為人吃飽後，過了二十分鐘才有飽足感（「飽足」的訊號從胃部緩慢上傳到大腦），你得知道自己吃飽需要多長時間，覺得有八分飽就不再吃東西。

我的意思是，盡情品嘗食物。但謹記：就算你肚子餓，也不會餓死。在美國這個國家，大多數人每天都很飽。要是你多吃，就會樂極生悲。如果你希望活得長壽，而且到老都活得健康愉快，這是值得依循的生活哲學。

以上是最重要的十點，還有十三點叮嚀：

1. 多閱讀：

你真幸運！大多數人並不閱讀，注定是魯蛇。假如你一天讀一篇好東西，那麼幾年後，你就比其他人多了解幾千件事情。

2. 別說「做不到」：

永遠別說你做不到某件事。如果你殷切盼望得到某樣東西，一定有方法獲得或至少設法接近它。

3. 並排停車免受罰：

若你必須去某地，並排停車也無妨。不過一有機會，就要請某人幫忙移車。別當傻瓜。

4. 花錢買方便：

如果你必須把身上僅有的錢拿來搭乘更快速的交通工具，儘管去做。方便比擁有物質更有價值。

5. 別讀新聞：

你用來讀「新聞」的每一秒鐘都可以拿來讀別的東西或做事，讓你的生活更美好。

寫新聞的人都是假貨。我有次去某個知名新聞節目的後台，那時我常上那個節目，製作人花很多時間陪我，向我解釋一切是怎麼運作的。但其中最重要的一句話是：「我們在這裡做的每一件事都是為了填補兩個廣告時段之間的空檔。」這句話總結了新聞的本質，所以你不應該讀新聞。（如果你對這項建議有疑問，請翻閱第十三章的「注意力節食計畫」那一節〔第一九七頁至第二〇〇頁〕，便可找到答案。）

6. 任何有價值的事皆須培養技巧：

如果你想要有成就，就必須比其他有同樣抱負的人具備更多技能。把某項技能拆解成二十個微技能。想出具體的做法，每天都增進一點微技能。別擔心是否有成果。當你鍛鍊出更強的技能時，成果自然會出現。你只須專心致力，日有寸進，就可以了。

7. 若有人不喜歡你，別理他們。

這似乎是很淺顯的道理，其實不然。我有時候碰到不喜歡我的人，也會浪費時間去贏取對方的好感。但這麼做只會拿到失敗者的獎盃。

8.「做自己」不具任何意義。

但你每天仍要堅持一己的信念，絕不讓步。你每次讓步，就更加成為機器的一部分，但更多更棒的快樂只能在機器外頭找到。

9. 就算大家都相信某件事，你也未必要相信。

10. 別把自尊外包出去。

你愛另外一個人，但別依賴對方給你自尊。做人要有自尊已經不容易，哪有餘力幫助別人擁有自尊。

別向太多人尋求認可。就算你珍視某些人的意見，要記住有時候他們的意見對你來說未必正確，只是說出了他們內心的想望而已。

也許就連身邊最親近的人也不希望你快速致勝，也許他們怕你很快搭上太空船，把他們拋在後頭。他們的確有理由擔心，那並不表示他們是壞人，也不表示他們說的話沒有參考價值。但要知道他們有自己的人生待辦事項，每個人都有。

11. 重要的不是事實。

有時人們問我：「今天股市的走勢為何往上？有壞消息耶！」

這是因為事實不重要。我們根本不可能全面看清某個局勢，人和人之間的情況很複雜，一則故事有多種版本，而某人認定的事實在他人眼中只是個人意見。大家在意的是是否有變數。股市反映出人們對某事的看法，亦即它是否有變數。變數越大，越多恐慌；變數少或已成定局，恐慌越小。

可能性比事實更有幫助。

12. 任何事都有一個好理由跟一個真正的理由。

我記得你有次告訴我得去圖書館念書，我問你原因，你說你需要看的書都在那裡，而且你無法透過網路做研究。

這是個好理由，我無從駁斥。但你忘了提到圖書館裡有男生，你想見他們。這是真正的理由。

某人給你一個好理由，讓你覺得無可辯駁時，或許真有其事，也很重要。但是務必要問出真正的理由。總有一個真正的理由。

13. 別忘了打電話給我。

我愛你們。

快速致勝

用多元實驗取代一萬小時練習，助你另闢蹊徑，邁向成功，過你想要的人生

作者／詹姆斯・阿圖徹（James Altucher）
譯者／王敏雯
總監暨總編輯／林馨琴
資深主編／林慈敏
行銷企劃／陳盈潔
封面設計／陳文德
內頁排版／新鑫電腦排版工作室

發行人／王榮文
出版發行／遠流出版事業股份有限公司
地址：臺北市中山北路一段 11 號 13 樓
電話：（02）2571-0297
傳真：（02）2571-0197
郵撥：0189456-1

著作權顧問／蕭雄淋律師
2022 年 1 月 1 日　初版一刷
新台幣 定價 390 元（如有缺頁或破損，請寄回更換）

ISBN 978-957-32-9393-4

YLib 遠流博識網
http://www.ylib.com
E-mail: ylib @ ylib.com

Skip the Line: The 10,000 Experiments Rule and Other Surprising Advice for Reaching Your Goals

國家圖書館出版品預行編目資料

快速致勝：用多元實驗取代一萬小時練習, 助你另闢蹊徑, 邁向成功, 過你想要的人生／詹姆斯・阿圖徹(James Altucher) 著；王敏雯 譯. -- 初版. -- 臺北市：遠流出版事業股份有限公司, 2022.01

320 面：14.8 × 21公分

譯自：Skip the line : the 10,000 experiments rule and other surprising advice for reaching your goals

ISBN 978-957-32-9393-4（平裝）

1. 職場成功法　2.自我實現

494.35　　110020691